创新型人才培养“十三五”规划教材

微机原理与接口技术实验教程

陈　琦　古　辉　胡海根　雷艳静　编著

電子工業出版社
Publishing House of Electronics Industry
北京·BEIJING

内 容 简 介

本书实验包括软件实验和硬件实验。实验内容紧密结合理论教学，涵盖了微机原理和接口技术中的基本主题，包括汇编语言程序设计开发、存储器、8259 中断控制器、8255 并行接口、8251 串行接口、定时器/计数器、数/模和模/数转换器等。书中针对这些基础知识点设计了一系列硬件拓展实验，加入了声音、图形显示等元素。本书最后还提供了富于挑战和趣味性的综合设计性实验，这些实验大多来源于实际生活，生动有趣，能最大限度地激发学生动手的欲望，学生可以综合运用学到的知识来解决身边这类实际问题。

本书可作为计算机科学、电子信息类及其相关学科的微机原理与接口技术及汇编语言程序设计的教材或参考教材。

图书在版编目（CIP）数据

微机原理与接口技术实验教程 / 陈琦等编著. —北京：电子工业出版社，2017.6
创新型人才培养“十三五”规划教材
ISBN 978-7-121-31370-7

Ⅰ. ①微… Ⅱ. ①陈… Ⅲ. ①微型计算机－理论－高等学校－教材②微型计算机－接口技术－高等学校－教材 Ⅳ. ①TP36

中国版本图书馆 CIP 数据核字（2017）第 078299 号

策划编辑：刘海艳
责任编辑：刘海艳
印　　刷：北京虎彩文化传播有限公司
装　　订：北京虎彩文化传播有限公司
出版发行：电子工业出版社
　　　　　北京市海淀区万寿路 173 信箱　邮编　100036
开　　本：787×1 092　1/16　印张：10.25　字数：262.4 千字
版　　次：2017 年 6 月第 1 版
印　　次：2023 年 8 月第 7 次印刷
定　　价：29.80 元

凡所购买电子工业出版社图书有缺损问题，请向购买书店调换。若书店售缺，请与本社发行部联系，联系及邮购电话：（010）88254888，88258888。

质量投诉请发邮件至 zlts@phei.com.cn，盗版侵权举报请发邮件至 dbqq@phei.com.cn。

本书咨询联系方式：lhy@phei.com.cn。

前言

<<<<< PREFACE

“微机原理与接口技术”是一门理论与实际紧密结合、工程实践性很强的课程。实验是微机接口教学过程中重要的环节，通过实践操作，可以加深对理论知识的理解，从而提高分析问题、解决问题的能力。为了帮助学生加深对理论课程的理解，培养学生的编程能力和实际动手能力，我们编写了本实验教程，作为“微机原理与接口技术”相应课程的配套实验教材，使学生从理论和实践两方面的学习中掌握微机的基本组成、接口电路原理，达到进行软件、硬件设计开发的基本技能。

本书分为三大部分。第一部分为实验系统概述，主要介绍实验系统构成、实验系统的硬件环境和软件环境，并通过一个认知实验引导读者熟悉实验系统的操作。第二部分为软件实验，主要介绍汇编语言程序设计，通过实验来学习 80x86 的指令系统、寻址方式以及程序的设计方法，同时掌握实验系统集成开发软件的使用。第三部分为硬件实验，基于西安唐都科教仪器公司的 TD-PITE 微机实验平台编写。硬件实验内容分为 3 类，即基础实验、拓展性实验和综合设计性实验，以适应不同层次读者的需求。其中硬件基础实验要求掌握常用的可编程接口芯片的工作方式、初始化编程，以及实验电路的连接，主要让学生对硬件实验项目有一个感性的认识，了解各接口芯片的使用方法；硬件拓展实验主要是培养学生对接口芯片的实际运用和编程能力，具备独立进行接口电路的设计能力；综合设计性实验需要学生根据功能要求独立完成一个微机应用系统设计，目的是使学生学会综合运用多个接口部件实现复杂系统功能，从而提高学生的综合设计能力和创新能力。

本书由陈琦、古辉、胡海根、雷艳静编写，陈琦担任主编并负责全书大纲的拟定、编写和统稿，古辉负责软件实验的整理和校对，胡海根和雷艳静负责硬件实验的整理和校对。本书的编写得到了西安唐都科教仪器公司的大力支持和帮助，在此表示由衷的感谢。在本书选题、撰稿到出版的全过程中，浙江工业大学教务处给予了大力支持，并将本书作为浙江工业大学重点教材建设项目予以资助，在此也一并表示由衷的感谢！

限于编者的水平，书中难免有错误和不妥之处，敬请读者批评指正。

编　者

2017 年 5 月

<<<<< CONTENTS

第 1 章　通用微机实验系统集成环境

1.1　实验系统

1.1.1　实验系统简介

在学习微机原理与接口技术的过程中，既要掌握正确的分析与设计方法，也要通过硬件实验环节来逐步掌握和提高。硬件实验和课程设计对硬件有很高的依赖性，必须有相应的实验平台。目前国内广泛应用的微机实验平台主要有西安唐都的微机教学实验系统、清华大学的 TPC 实验系统和复旦大学的启东实验系统。尽管这几种实验平台各具特点，但实验原理基本相同。

本书选用了由西安唐都科教仪器公司开发的 TD-PITE 32 位微机原理与接口技术教学实验系统，该系统为教学实验提供了完善的微机原理的软件实验调试平台和微机接口技术的硬件实验开发平台。主要特点如下：

（1）采用开放式结构，模块化设计，支持开放实验。实验台上除了固定电路外还设有扩展实验区，可以自己设计实验电路，在扩展实验区上插上所选芯片并连线即可完成实验。

（2）提供了单次脉冲、键盘扫描及数码管显示、开关输入及发光管显示、电子发声器、点阵 LED 显示、图形 LCD 显示、步进电机、直流电机及温度控制单元电路，全面支持"微机接口技术"及"微机控制及应用"的各项实验内容。

（3）支持 Windows 2000、Windows XP 和 Windows 7 操作系统，支持 32 位和 64 位操作系统。采用 TD-PITE 集成开发实验软件，可以方便地对程序进行编辑、编译、链接和调试。

（4）集成开发实验软件全面支持 80x86 汇编语言及 C 语言程序设计，可实现汇编语言与 C 语言混编。

1.1.2　实验系统构成

TD-PITE32 位微机接口实验系统是一套 80x86 微机原理与接口技术教学实验系统，其实验系统硬件结构如图 1-1 所示，实验台各个模块的布局如图 1-2 所示。

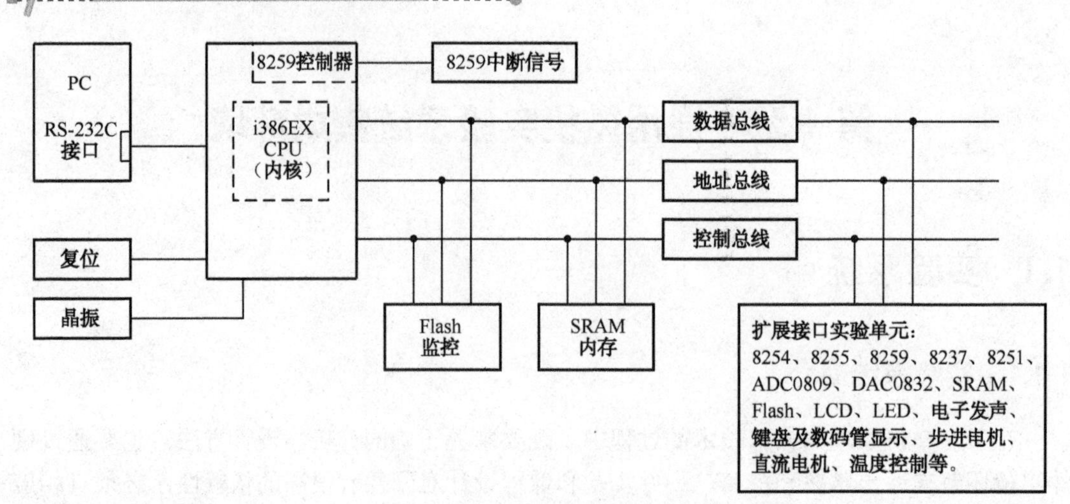

图 1-1　TD-PITE 32 位微机接口实验系统硬件结构图

电源
时钟源
扩展实验区
i386EXCPU
温控单元
系统总线单元
转换单元
8237DMA单元
A/D转换单元
点阵显示单元
D/A转换单元
SRAM单元
8251单元
8254单元
单次脉冲单元
电子发声及步进电机单元
键盘及数码管显示单元
驱动电路
直流电机单元
8255单元
开关及LED显示单元

图 1-2　TD-PITE 实验台布局图

1.2　实验系统硬件环境

1.2.1　80x86 微机系统单元

1．系统总线

本书使用的 TD-PITE 微机实验系统采用组合式结构，即 i386EX 系统板加实验接口平台的形式。将 i386EX 系统板安装在实验接口平台上便构成 80x86 微机原理及接口技术教学实验系统，系统总线以排针和锥孔两种形式引出，做实验时，通过杜邦线或锥孔线与实验单元相连可完成相应的实验。80x86 微机系统引出信号线说明见表 1-1。

表 1-1 80x86 微机系统信号线说明

信 号 线	说 明	信 号 线	说 明
XD0～XD15	系统数据线（输入/输出）	MIR6、MIR7	主 8259 中断请求信号（输入）
XA1～XA20	系统地址线（输出）	SIR1	从 8259 中断请求信号（输入）
BHE#、BLE#	字节使能信号（输出）	MWR#、MRD#	存储器读、写信号（输出）
ADS#	地址状态信号（输出）	IOW#、IOR#	I/O 读、写信号（输出）
MY0、MY1	存储器待扩展信号（输出）	RST	复位信号（正输出）
IOY0～IOY3	I/O 接口待扩展信号（输出）	RST#	复位信号（负输出）
HOLD	总线保持请求（输入）	CLK	1MHz 时钟输出
HLDA	总线保持应答（输出）	CLK 12MHz	12MHz 时钟输出

注：# 号表示该信号低电平有效。

2. 系统中的 8259 单元

由于 Intel 386EX 芯片内部集成有两片 8259A，且总线未开放 INTA 信号线，所以 8259 实验是使用 i386EX 的内部资源。主片 8259 将中断请求信号 IR6 和 IR7 开放，从片 8259 将中断请求信号 IR1 开放，以供实验使用。从片 8259 的 INT 与主片 8259 的 IR2 相连，完成两片 8259 的级联。关于这部分的内容详见 8259 中断实验部分。

1.2.2 接口实验单元

在本实验系统中，每个接口实验单元的电源与地均已连接好，文中电路图里的“圆圈”表示该信号通过排针引出，在实验中需要通过排线进行必要的连线来完成实验。

1. SRAM 实验单元

SRAM 实验单元由两片 62256 组成 32Kb×16 的存储器访问单元，数据宽度为 16 位，低字节与高字节的选择由 BLE、BHE 决定。如果只需要使用一片 32Kb×8 的存储器时，可以将 BLE 信号直接与 GND 相接。SRAM 实验单元电路如图 1-3 所示。

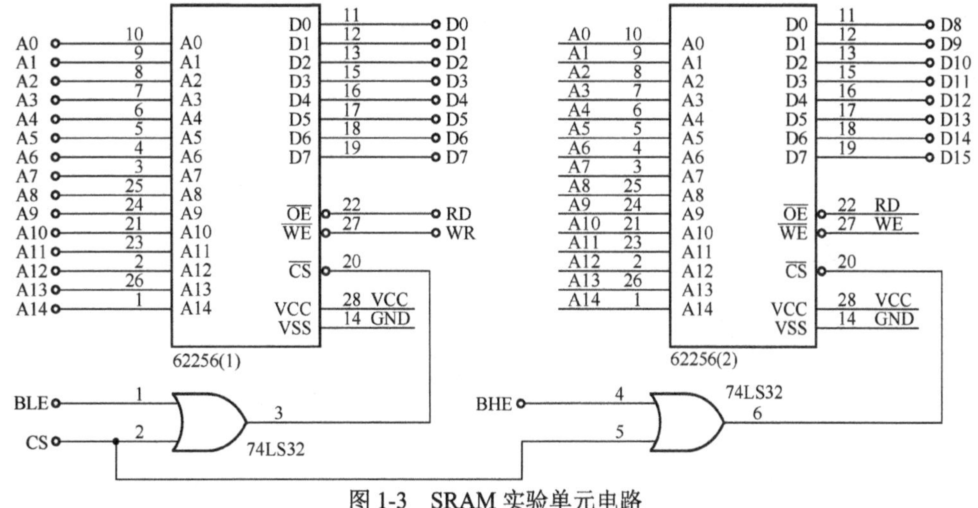

图 1-3 SRAM 实验单元电路

2. 8237DMA 实验单元

DMA 实验单元主要由一片 8237 和一片 74LS573 组成，如图 1-4 所示。

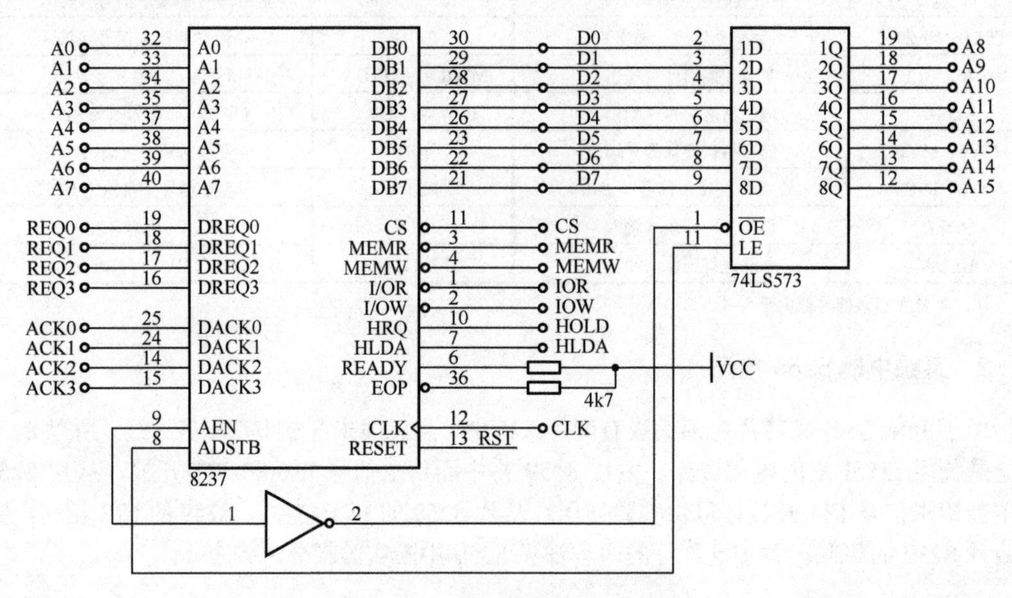

图 1-4 8237DMA 实验单元电路

3. 8254 定时器/计数器单元

8254 共有三个独立的定时器/计数器，其中 0 号和 1 号定时器/计数器开放出来可任意使用，2 号定时器/计数器用于为 8251 串行通信单元提供收发时钟，2 号定时器/计数器的输入为 1.8432MHz 时钟信号，输出连接到 8251 的 TxCLK 和 RxCLK 引脚上。定时器/计数器 0 的 GATE 信号连接好了上拉电阻，若不对 GATE 信号进行控制，可以在实验中不连接此信号。具体实验电路图如图 1-5 所示。

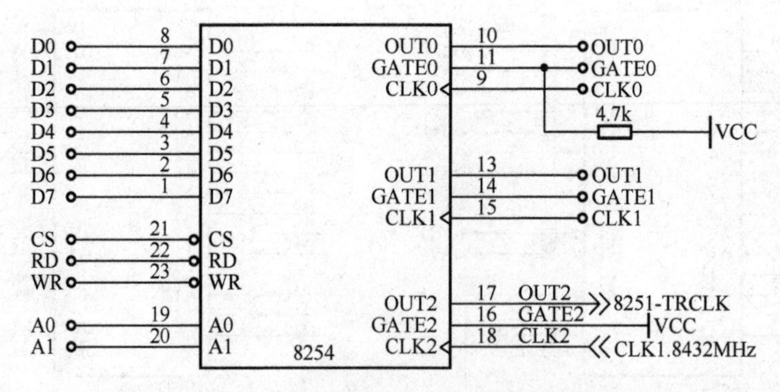

图 1-5 8254 定时器/计数器单元电路

4. 8255并行接口单元

并行接口单元由一片8255组成，其复位信号已连接到系统复位上，如图1-6所示。

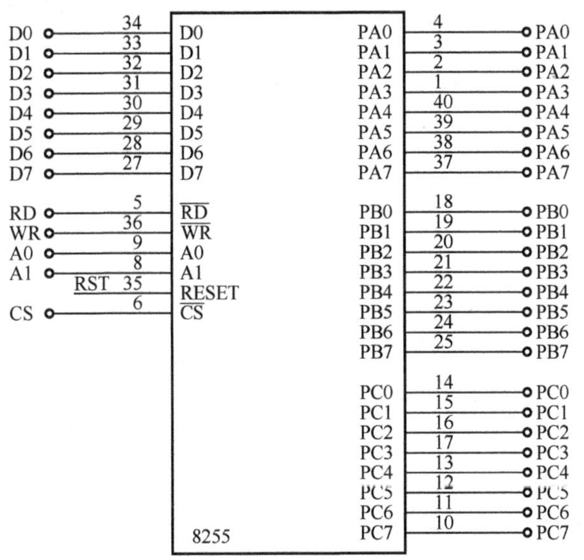

图1-6 8255并行接口实验单元电路

5. 8251串行通信单元

如图1-7所示，串行通信控制器选用8251，收发时钟来自于8254单元的定时器/计数器2的输出，控制器的复位信号已与系统连接好。

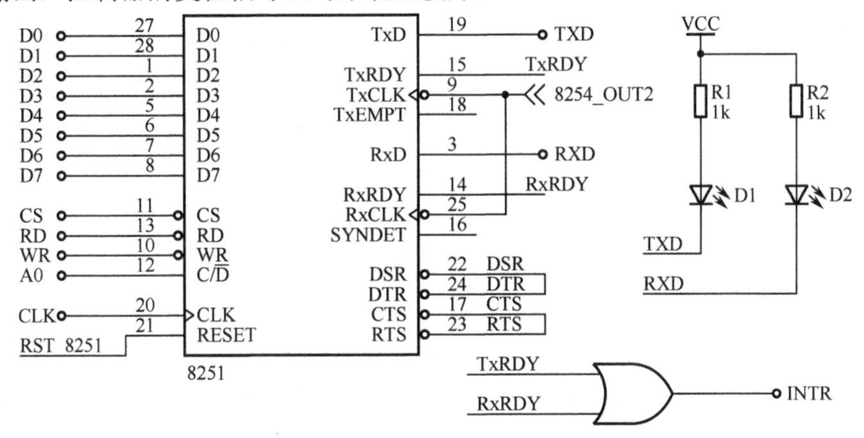

图1-7 8251串行通信实验单元电路

6. 模/数转换单元

模/数转换实验单元由ADC0809芯片及电位器电路组成，ADC0809的IN7通道用于温度控制实验，增加一个510Ω的电阻与热敏电阻构成分压电路，如图1-8所示。

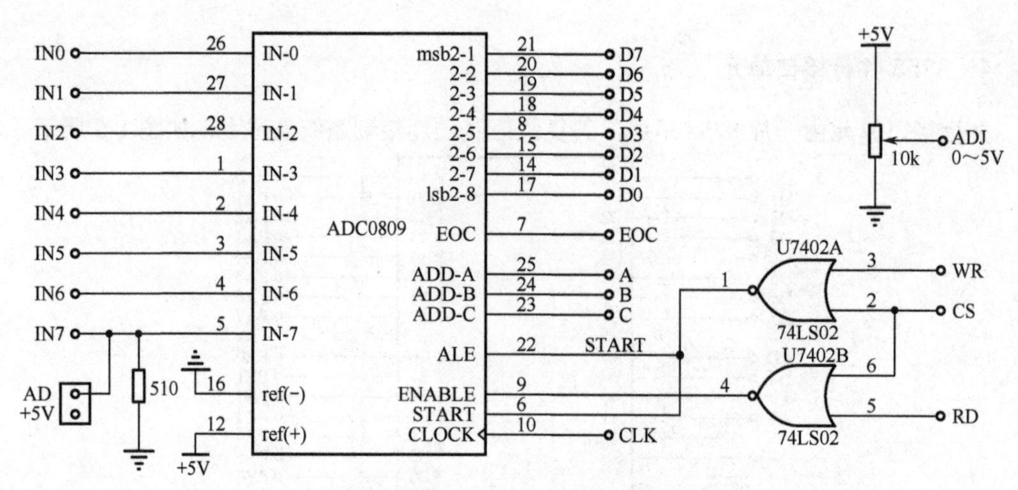

图 1-8　模/数转换实验单元电路

7．数/模转换单元

D/A 转换实验单元由 DAC0832 与 LM324 构成，采用单缓冲方式连接。通过两级运算放大器组成电流转换为电压的转换电路，其电路如图 1-9 所示。

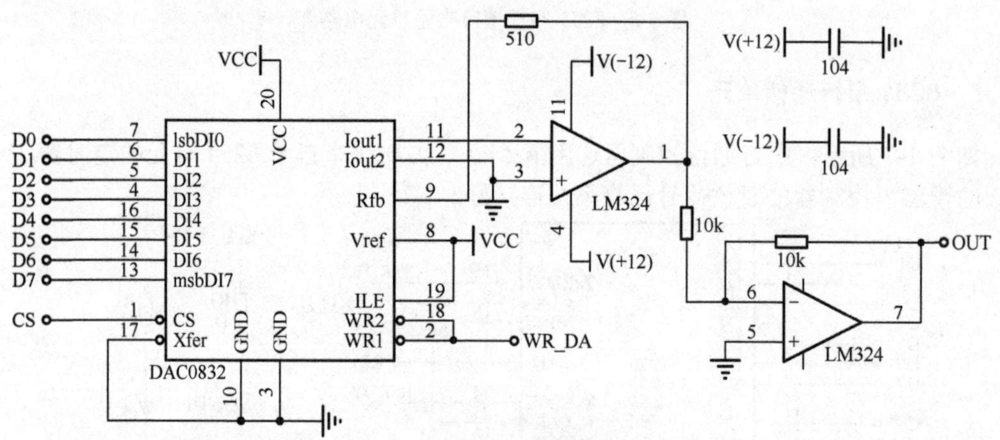

图 1-9　数/模转换实验单元电路

8．键盘扫描及数码管显示单元

如图 1-10 所示，键盘扫描与数码管显示单元由 4 个共阴极数码管、4×4 键盘扫描阵列及显示驱动电路组成。

9．点阵 LED 显示单元

点阵单元由 4 块 8×8LED 器件组成，74LS574 构成锁存电路，2803 构成驱动电路，如图 1-11 所示。ROW*x* 表示某行，COL*x* 表示某列，行为“0”，列为“1”，则对应行、列上的 LED 点亮。

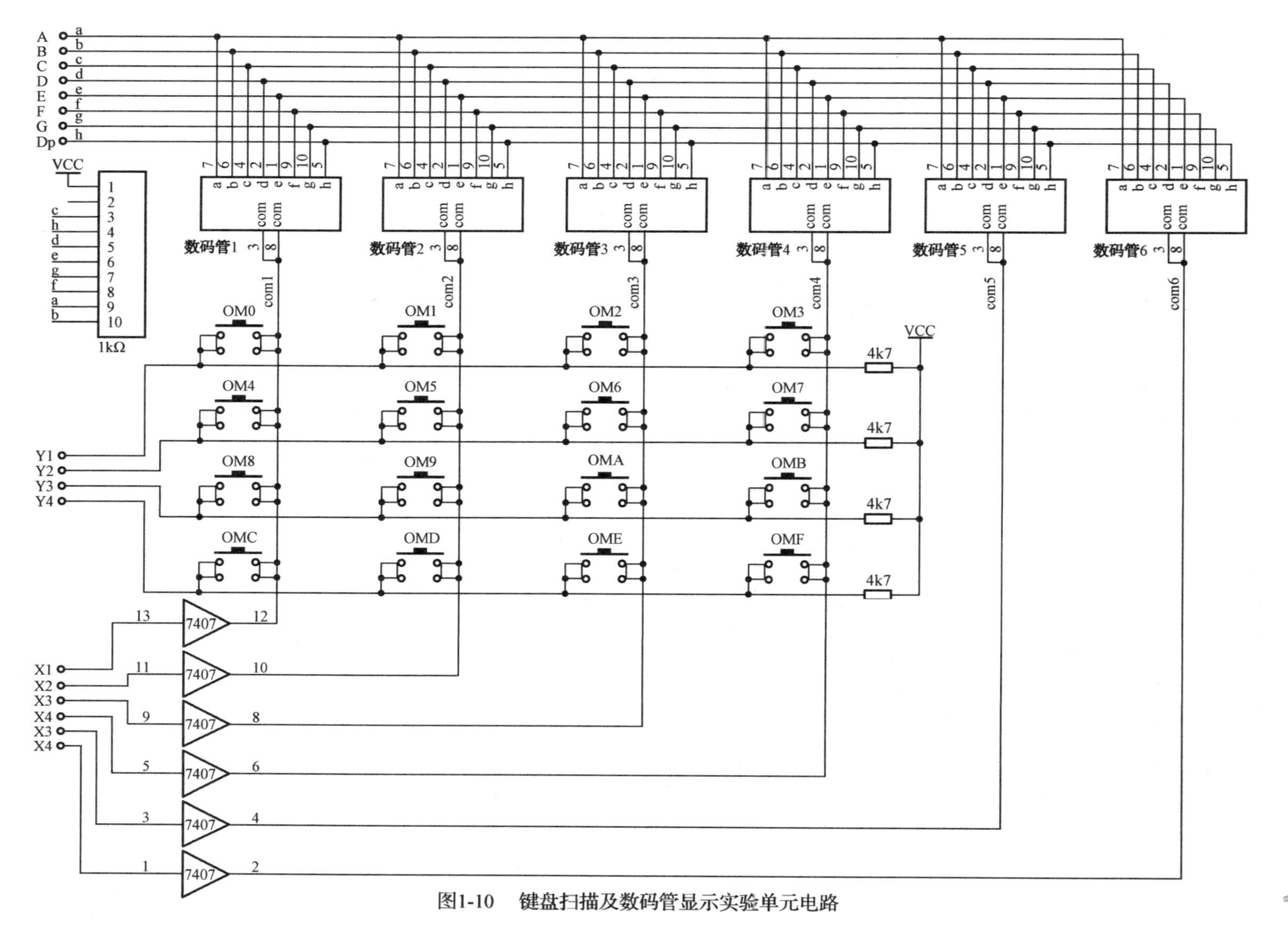

图1-10 键盘扫描及数码管显示实验单元电路

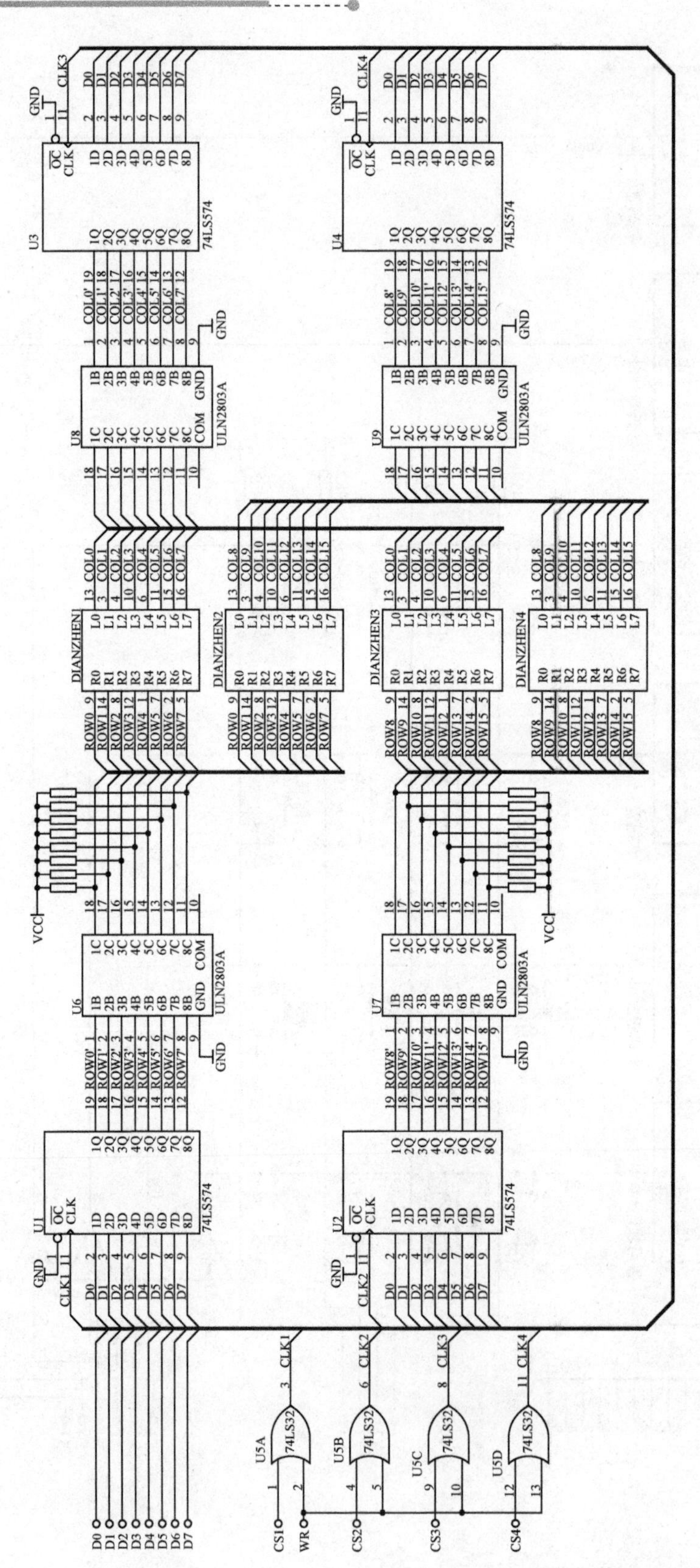

图1-11 点阵LED显示单元电路

10．图形液晶 LCD 模块

液晶 MSC-G12864-5W 为 128×64 图形点阵液晶，LCD 类型为 STN，内置控制器，配置有 LED 背光。实验平台中的 LCD 为外接扩展件，在实验平台上留有 LCD 的扩展接口，做实验时，通过连接电缆将 LCD 与实验平台中的 LCD 接口相连，即可进行 LCD 的实验。平台中的多圈电位器可以调节液晶的对比度。LCD 接口电路如图 1-12 所示。

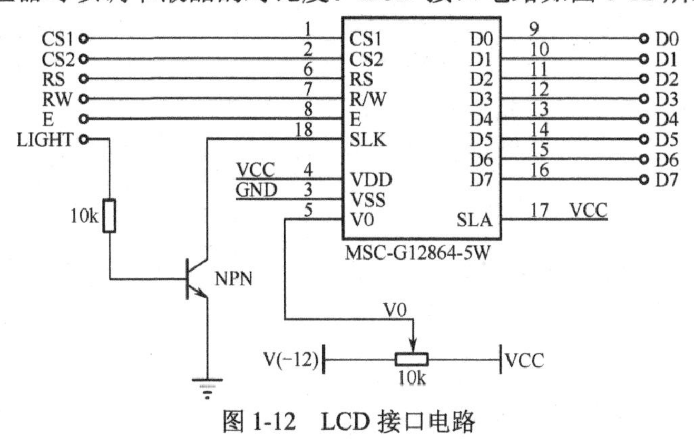

图 1-12　LCD 接口电路

11．步进电机与直流电机单元

步进电机为四相八拍电机，如图 1-13 所示。直流电机单元由 DC 12V 直流电机及霍尔器件组成，如图 1-14 所示。UNL2803 为驱动接口芯片，由该芯片组成驱动电路，输入端 N 经过一个反相器连接到 2803 的输入端，其他四路 A、B、C、D 不经过反相器直接与 2803 相连。

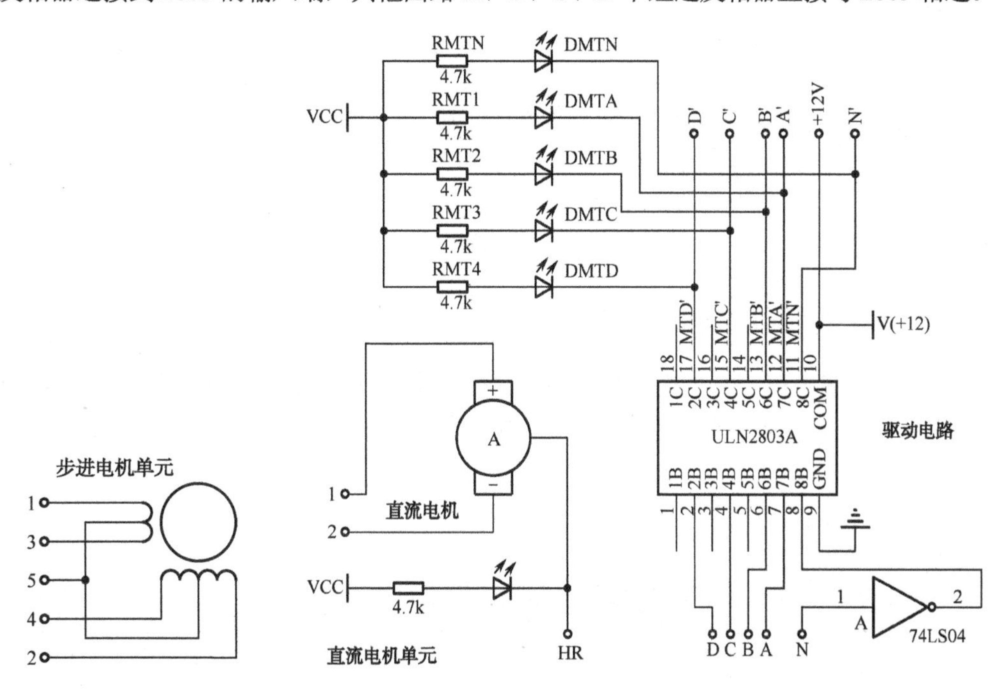

图 1-13　步进电机单元电路　　　　图 1-14　直流电机实验单元与驱动电路

12．电子发声单元与温度控制单元

电子发声单元由放大电路与扬声器组成，如图 1-15 所示。温度控制单元主要由 7805、热敏电阻及大功率电阻组成，如图 1-16 所示，A 和 B 为热敏电阻的两端。

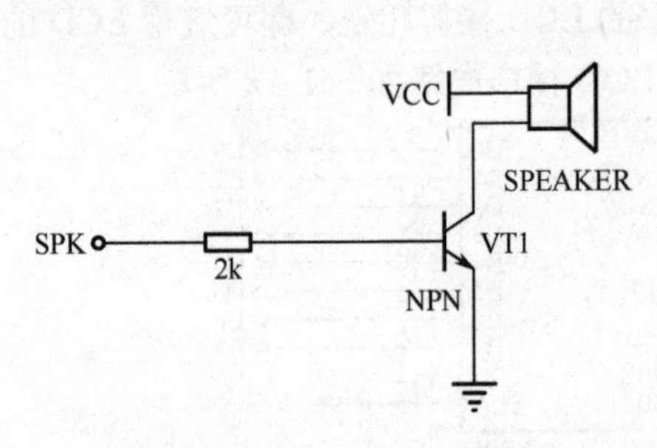

图 1-15　电子发声单元电路

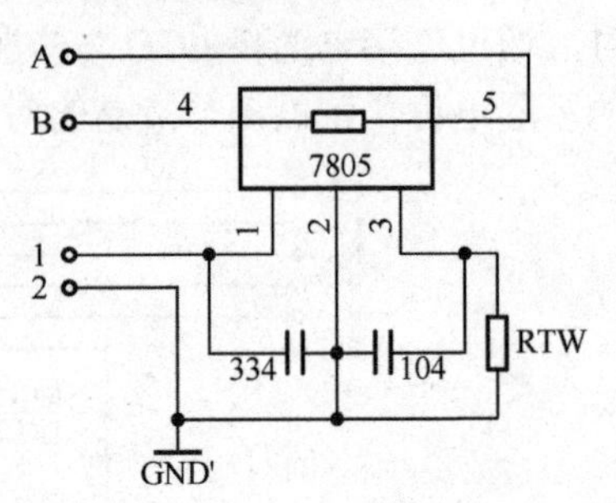

图 1-16　温度控制单元电路

13．单次脉冲单元

该单元提供两组消抖动单次脉冲，分别为 KK1−、KK1+、KK2−、KK2+，如图 1-17 所示。“−” 表示按下按键为低电平，“+” 表示按下按键为高电平。

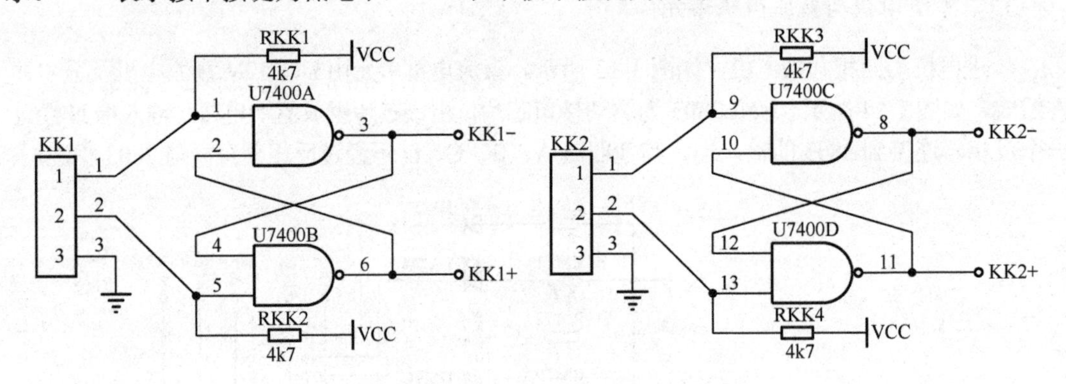

图 1-17　单次脉冲单元电路

14．逻辑开关及 LED 显示单元

逻辑开关及 LED 显示单元由 16 组开关及 16 个 LED 组成，16 组开关未经过消抖动，16 个 LED 灯显示逻辑电平高低，为正逻辑，输入高电平 LED 点亮，如图 1-18 所示。

15．转换单元

转换单元提供了排线和圆锥孔相互转接及扩展的单元。

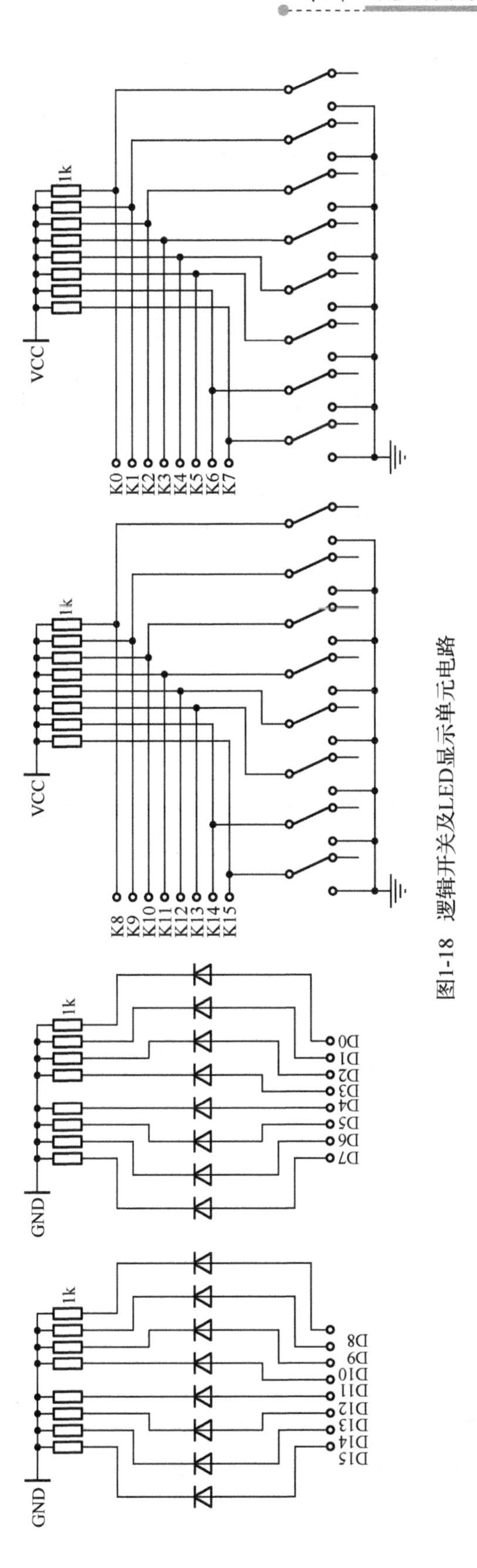

图1-18 逻辑开关及LED显示单元电路

16．扩展单元

扩展单元提供 2 组 40 线通用集成电路扩展单元和一个扩展模块总线单元。扩展模块总线插座的信号定义如图 1-19 所示。

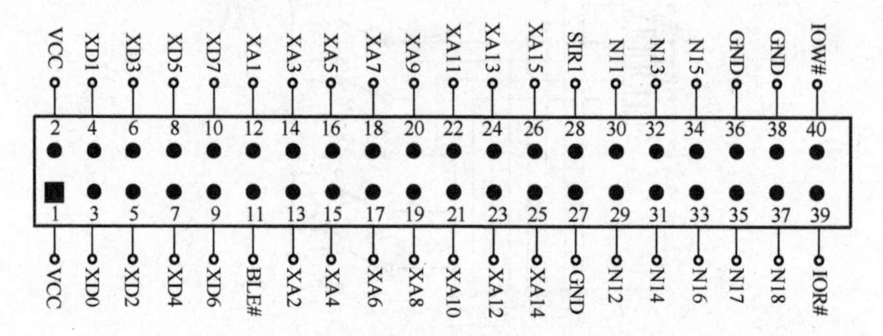

图 1-19　扩展模块总线 EX_BUS 单元引脚示意图

其中的 N11、N12、N13、N14、N15、N16、N17、N18 这 8 个引脚已连接到对应于它下方 40 线通用集成电路扩展单元的 11、12、13、14、15、16、17、18 脚上，可由用户根据需要来定义。其余的引脚于 x86 系统总线单元各引脚相对应。

17．系统总线单元

系统总线单元各引脚见表 1-1。其中 CPU 选择开关分为 51 和 386 两个挡位。开关打到 386 挡，表明 i386EX CPU 与设备箱体上的通信串口（或 USB 口）相连，可与 PC 通信；开关打到 51 挡，表明选配的 TD-51 单片机开发板与设备箱体上的通信串口（或 USB 口）相连，可与 PC 通信。

18．386 CPU 单元

386 CPU 单元右下角有 JDBG 短路设置：短路设置在 DBG 时，CPU 与 PC 联机进行调试及运行系统 SRAM 中的程序；短路设置在 RUN 时，CPU 与 PC 断开，若已经将设计的实验程序固化到系统的 Flash 存储器中的话，则系统此时复位后即可直接运行使用者的实验程序。

19．时钟源单元

时钟源单元提供 3 个时钟供实验用，分别是 1.8432MHz、184.32MHz 和 18.432MHz。

1.2.3　程序固化及脱机运行

1．程序固化

TD-PITE 实验系统可以将实验程序固化到系统存储器中，以实现脱机运行。将实验程序编译、链接无误后进行加载，加载完成便可以进行程序固化。单击“调试”菜单中的“固

化程序”便可以将程序固化到系统存储器中，如图 1-20 所示。

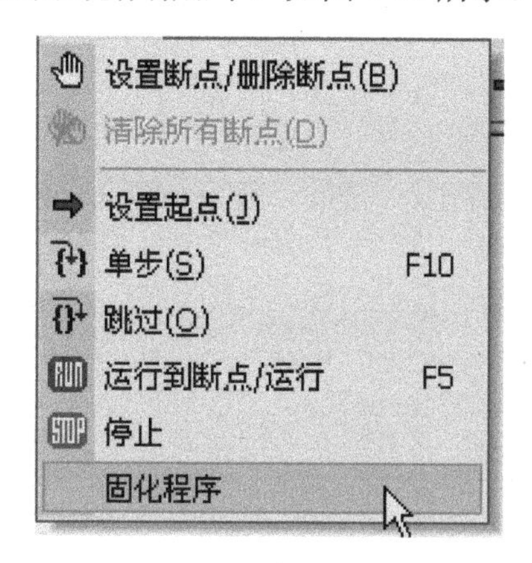

图 1-20 “调试”菜单

2. 脱机运行

如果系统存储器中已经固化有实验程序，则可以实现脱机运行程序。实验箱右侧有一个短路块 JDBG，若将短路块短接在 DBG 端，可以与 PC 端 Wmd86 软件联机进行调试；若将短路块短接在 RUN 端，可以实现程序的脱机运行。

如果将 i386EX 系统板嵌入其他应用中，为实现脱机运行程序，可以将信号 P3.6/PWRDOWN 连接到 GND。见附录 C 中的图 C.1，JP2 的 20 引脚就是信号 P3.6/PWRDOWN。

1.3 实验系统软件开发环境

1.3.1 软件系统概述

微机系统联机软件 Wmd86 是为 TD-PITE 微机原理及接口技术教学实验系统配套的集成开发调试软件，该软件具有汇编语言和 C 语言源语言级调试跟踪界面，比起传统的 DEBUG 调试，操作更简单，视觉效果更直接。如果用户习惯于 DEBUG 调试，也可以单击输出区的调试标签对源程序进行 DEBUG 调试。

Wmd86 集成开发软件具有如下特点：

（1）支持汇编语言和 C 语言两种编译环境。

（2）提供 16 位寄存器和 32 位寄存器状态切换。

（3）高度可视化的源语言级调试跟踪界面。

（4）实时监视寄存器，能够即时对寄存器中的值进行修改。

（5）可以选择要监视的全局变量，进行实时监视和即时修改。

（6）可以选择是否要实时监视堆栈寄存器。

（7）集成了一个专用图形显示的虚拟仪器。

1.3.2 软件使用说明

1. 软件主界面

集成开发软件的主界面主要分为三部分：程序编辑区、寄存器/变量/堆栈区和信息输出区，软件主界面如图 1-21 所示。

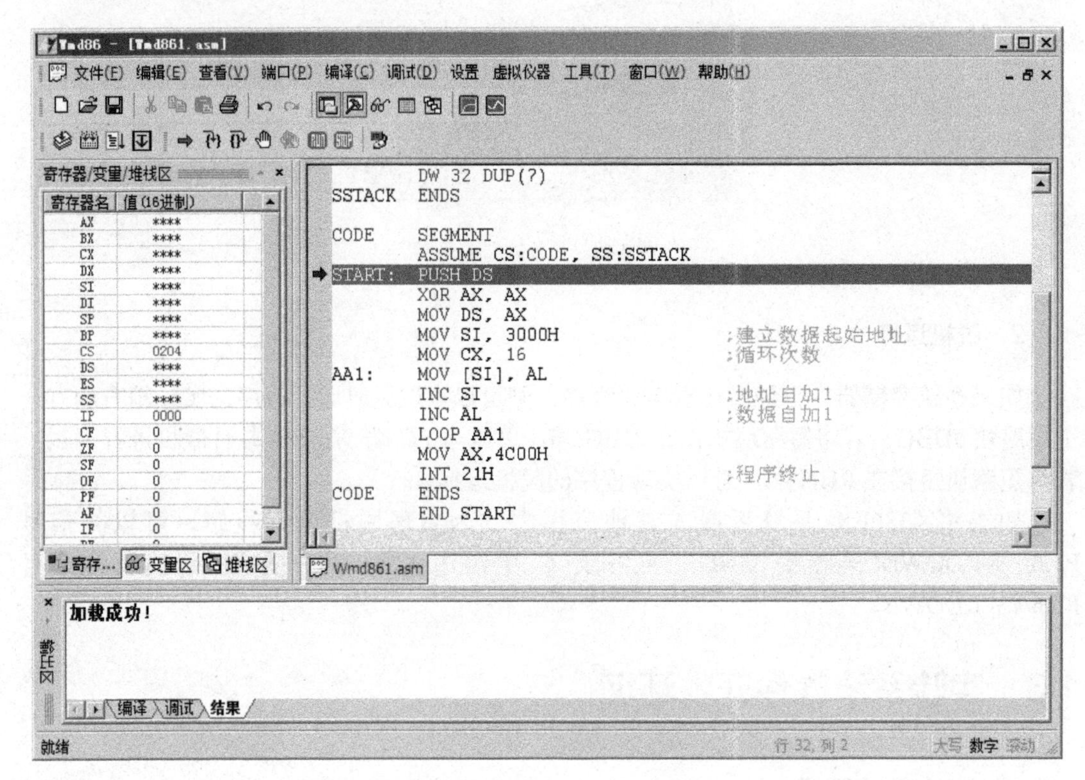

图 1-21 Wmd86 软件主界面

（1）程序编辑区

程序编辑区域位于主界面右上部，用户可在程序编辑区用“新建”命令创建一个新文档，或用“打开”命令打开一个已存在的文档，在文档中用户可编辑程序。在程序编辑区可以同时打开多个文档，单击文档标签可激活任一文档。编译、链接、加载以及调试命令只针对当前活动文档。

（2）寄存器/变量/堆栈区

寄存器/变量/堆栈区位于主界面左上部，包括三个部分：寄存器区、变量区和堆栈区。寄存器区和变量区用于实时监视寄存器和变量，也能够修改寄存器和变量的值，堆栈区主要用于实时监视堆栈寄存器。

（3）信息输出区

信息输出区位于主界面底部，输出区包含三个部分：编译区、调试区和结果区。编译区显示编译和链接的结果，如果编译时有错误或警告，双击错误或警告信息，错误标识符

会指示到相应的有错误或警告的行。调试区主要用于 DEBUG 调试。结果区主要用于显示程序加载结果、程序运行输出结果和复位结果。结果区中有“加载中，请稍候…”的字样表示 Wmd86 联机软件正在把可执行文件加载到下位机中，用户此时应等待直到加载完成；“加载成功”表示加载完成且成功；“加载失败”表示加载完成且失败，此时应重新加载。程序中用“INT 10H”输出的结果也显示在此区。软复位或硬件复位成功后，结果区显示“复位成功！”。如果复位不成功则不显示此句。

2. 菜单功能

（1）“文件”菜单项

文件菜单如图 1-22 所示。

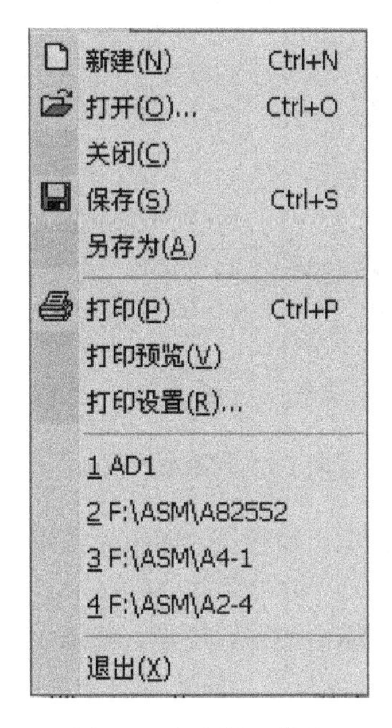

图 1-22 “文件”菜单

① 新建（N）：用此命令在 Wmd86 软件中建立一个新文档。

② 打开（O）：用此命令在窗口中打开一个现存的文档。您可同时打开多个文档，单击某文档的标签可激活此文档。您可用窗口菜单在多个打开的文档中切换。

③ 关闭（C）：用此命令来关闭当前活动文档。Wmd86 会建议您在关闭文档之前保存对您的文档所做的改动。如果您没有保存而关闭了一个文档，您将会失去自从您最后一次保存以来所做的所有改动。在关闭一无标题的文档之前，Wmd86 会显示另存为对话框，建议您命名和保存文档。

④ 保存（S）：用此命令将当前活动文档保存到它的当前的文件名和目录下。当您第一次保存文档时，Wmd86 显示“另存为”对话框以便您命名您的文档。

⑤ 另存为（A）：用此命令来保存并命名活动文档。Wmd86 会显示“另存为”对话框以便您命名您的文档。

⑥ 打印（P）：用此命令来打印一个文档。

⑦ 打印预览（V）：用此命令按要打印的格式显示活动文档。当您选择此命令时，主窗口就会被一个打印预览窗口所取代。这个窗口可以按它们被打印时的格式显示一页或两页。

⑧ 打印设置（R）：用此命令来选择连接的打印机及其设置。

⑨ 最近浏览文件：此列表显示最近打开过的文件，最多显示四个最近打开的文件。

⑩ 退出（X）：用此命令来退出 Wmd86 集成开发软件。软件会提示您保存尚未保存的改动。

（2）“编辑”菜单项

“编辑”菜单如图 1-23 所示。

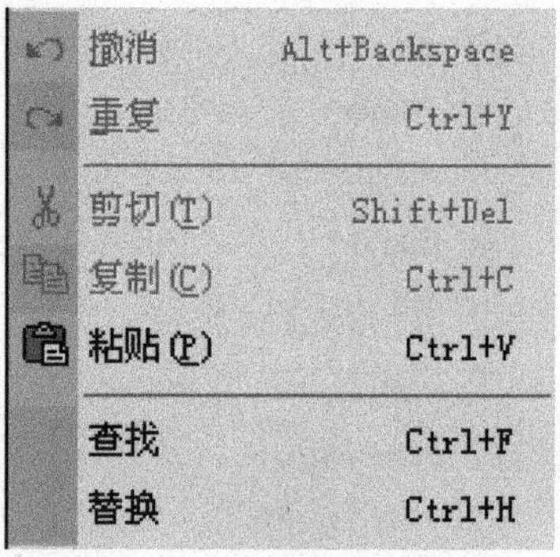

撤消 Alt+Backspace
重复 Ctrl+Y
剪切(T) Shift+Del
复制(C) Ctrl+C
粘贴(P) Ctrl+V
查找 Ctrl+F
替换 Ctrl+H

图 1-23 “编辑”菜单

① 撤消：可用此命令来撤消上一步操作。如果无法撤消上一步操作，菜单上的撤消命令会变灰。

② 重复：可用此命令来恢复撤消的编辑操作。如果无法恢复撤消的编辑操作，菜单上的重复命令会变灰。

③ 剪切（T）：用此命令将当前被选取的数据从文档中删除并放置于剪贴板上。如当前没有数据被选取时，此命令则不可用。把数据剪切到剪贴板上将取代原先存放在那里的内容。

④ 复制（C）：用此命令将被选取的数据复制到剪贴板上。如当前无数据被选取时，此命令则不可用。把数据复制到剪贴板上将取代以前存在那里的内容。

⑤ 粘贴（P）：用此命令将剪贴板上内容的一个副本插入到插入点处。如剪贴板是空的，此命令则不可用。

⑥ 查找：单击此命令将弹出“查找”对话框，用于查找指定字符串。

⑦ 替换：单击此命令将弹出“替换”对话框，找到某一字符串，并用指定字符串替换之。

（3）“查看”菜单项

“查看”菜单如图 1-24 所示。

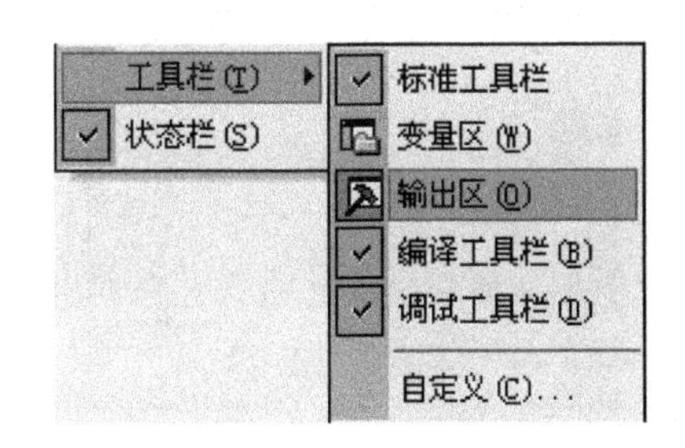

图 1-24 “查看”菜单

① 工具栏（T）：显示或隐藏工具栏

② 状态栏（S）：显示或隐藏状态栏

③ 工具栏如下。

- 标准工具栏：用此命令可显示和隐藏标准工具栏。标准工具栏包括了 Wmd86 中一些最普通命令的按钮，如文件打开。在工具栏被显示时，一个打钩记号出现在该菜单项目的旁边。
- 变量区（W）：用此命令可显示和隐藏寄存器/变量/堆栈区。
- 输出区（O）：用此命令可显示和隐藏输出区。
- 编译工具栏（B）：用此命令可显示和隐藏编译工具栏。
- 调试工具栏（D）：用此命令可显示和隐藏调试工具栏。
- 自定义（C）：见自定义功能。

（4）“端口”菜单项

“端口”菜单如图 1-25 所示。

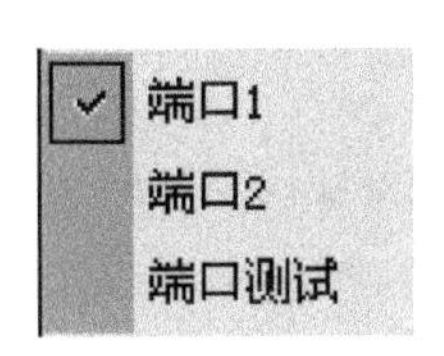

图 1-25 “端口”菜单

① 端口 1：此命令用来选择串口 1 进行联机通信，该命令会对串口 1 进行初始化操作，并进行联机测试，报告测试结果。

② 端口 2：此命令用来选择串口 2 进行联机通信，该命令会对串口 2 进行初始化操作，并进行联机测试，报告测试结果。

③ 端口测试：此命令用来对当前选择的串口进行联机通信测试，并报告测试结果。

（5）“编译”菜单项

“编译”菜单如图 1-26 所示。

① 编译（C）：编译当前活动文档中的源程序，在源文件目录下生成目标文件。如果有错误或警告生成，则在输出区显示错误或警告信息，双击错误或警告信息，可定位到有错误或警告的行，修改有错误或警告的行后应重新“编译”。如果编译没有错误生成（即使有警告生成），会激活“链接”菜单项和工具栏中的“链接”按钮，以便进行链接。编译时

自动保存源文件中所做的修改。

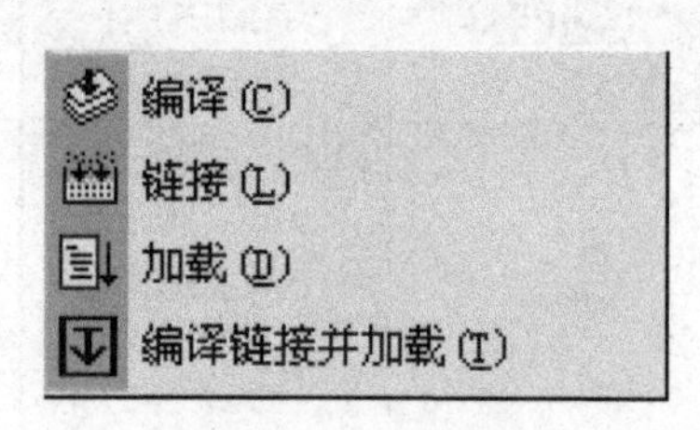

图 1-26 “编译”菜单

② 链接（L）：链接编译生成的目标文件，在源文件目录下生成可执行文件。如果有错误或警告生成，则在输出区显示错误或警告信息，查看错误或警告信息修改源程序，修改后应重新“编译”和“链接”。如果链接没有错误生成（即使有警告生成），会激活“加载”菜单项和工具栏中的“加载”按钮，以便进行加载。

③ 加载（D）：把链接生成的可执行文件加载到下位机。在加载过程中输出区有“加载中，请稍候...”的字样，用户此时应该等待直到加载完成。加载完成后，如果加载成功，输出区显示“加载成功!”，并激活“调试”菜单中的菜单项和调试工具栏中的按钮，此时 CS 和 IP 指向程序的开始执行行并在此行设置执行标记。如果加载失败，输出区显示“加载失败!”，此时“调试”菜单中的菜单项和调试工具栏中的按钮都不能使用，应重新进行“加载”。

④ 编译链接并加载（T）：依次执行编译、链接和加载。

（6）“设置”菜单

“设置”菜单如图 1-27 所示。

① 语言：设置语言环境。

● 汇编语言：设置编译环境为汇编语言环境。此时可编辑、编译和链接 IBM-PC 汇编语言源程序。

● C 语言：设置编译环境为 C 语言环境。此时可编辑、编译和链接 C 语言源程序。由于监控目前不支持浮点运算，故 C 语言程序中不应该出现浮点运算，如果 C 语言程序中出现浮点运算，链接时会出现错误。

② 寄存器：设置寄存器格式。

● 16 位寄存器：设置成 16 位寄存器，可观察到 16 位寄存器的变化。

● 32 位寄存器：设置成 32 位寄存器，可观察到 32 位寄存器的变化。

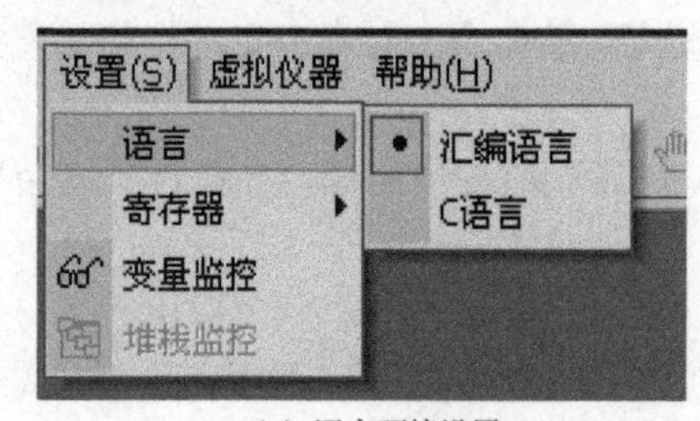

（a）语言环境设置

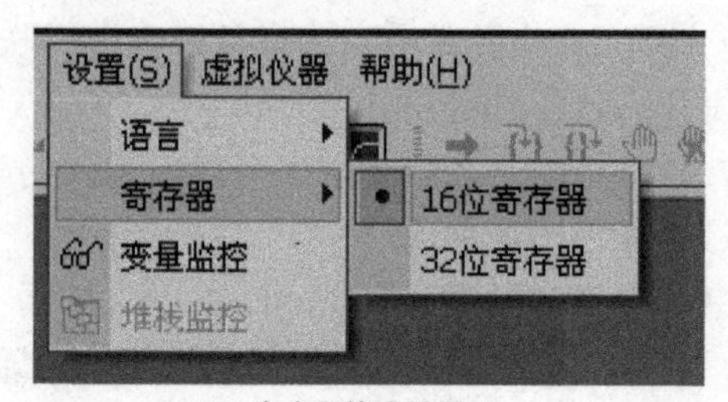

（b）寄存器格式设置

图 1-27 “设置”菜单

③ 变量监控：加载成功后才可用“变量监控”按钮，如图 1-28 所示。

图 1-28 “变量监控”对话框

左边的列表框为程序中的全局变量，系统只能监视全局变量，右边的列表框为系统正在监视的全局变量。选择需要监视的变量，单击“加入监视”按钮，以实现对该变量的监视。如果想从变量区去掉某一正在监视的变量，选中变量后单击“停止监视”按钮将其从列表中删除。

在汇编语言源文件中，数据段定义的变量并不是全局变量，因此数据段定义的变量并不出现在图 1-28 所示对话框的左边列表，要想监视这些变量，必须使它们成为全局变量。使一个变量成为全局变量的方法是用关键字 PUBLIC 在源程序的最前面声明之，格式是：PUBLIC symbol[,...]，范例如下：

```
PUBLIC   mus_time
PUBLIC   mus_freq

DATA1   SEGMENT
mus_time   DB   01h
mus_freq   DW   1234H
DATA1   ENDS
```

数据段 DATA1 中的数据 mus_time、mus_freq 经过 PUBLIC 声明后成为全局变量，编译、链接、加载完成后，可对这两个变量进行监控。

在 C 语言源文件中，函数内部定义的变量不是全局变量，函数外面定义的变量才是全局变量，因此系统只能监视函数外面定义的变量。要想监视某一变量，应该把他定义在函数的外面。

④ 堆栈监控。

“堆栈监控”对话框如图 1-29 所示，选择“不监控堆栈”单选项，确定后不监视堆栈寄存器，选择“监控堆栈”单选项，确定后监视堆栈寄存器。默认选项为“不监控堆栈”。

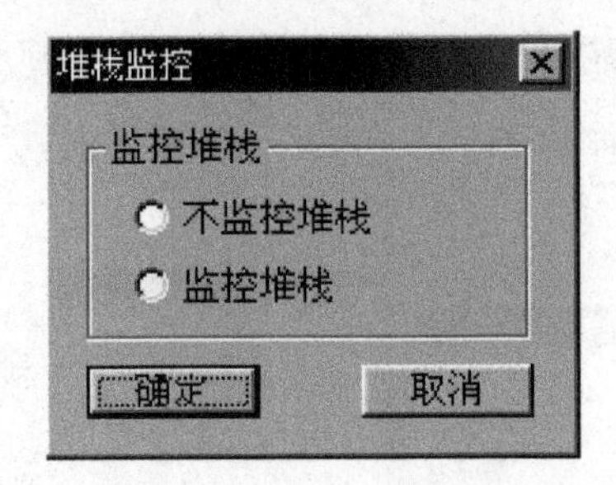

图 1-29　堆栈监控对话框

（7）“调试”菜单项

“调试”菜单如图 1-30 所示。

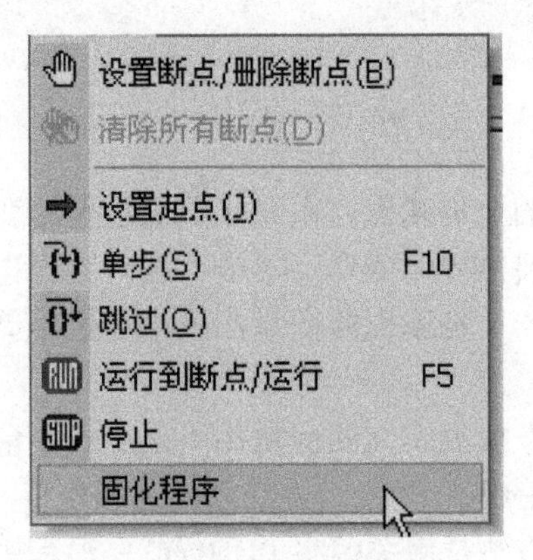

图 1-30 “调试”菜单

① 设置断点/删除断点（B）：当前光标所在的行为当前行，如果当前行无断点则在当前行设置断点，如果当前行有断点则删除当前行的断点。设置断点后的行如图 1-31 所示。并不是源程序的所有行都可以设置断点，如伪操作行和空行不能设置断点。源程序设置的断点数不能超过 8 个。

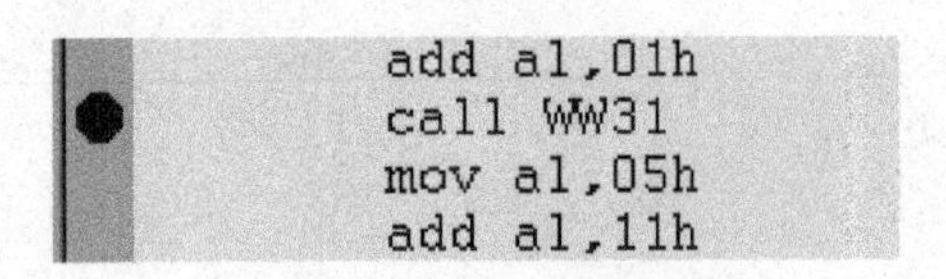

图 1-31　断点设置

② 清除所有断点（D）：清除源程序中设置的所有断点，只有当设置的断点数大于零时，该菜单才激活。

③ 设置起点（J）：当前光标所在的行为当前行，此命令把当前行设置为程序的起点，即程序从此行开始运行，寄存器区的 CS 和 IP 的值刷新后指向此行。设置程序起点的行如图 1-32 所示。并不是源程序的所有行都可以设置起点，如伪操作行和空行不能设置起点。

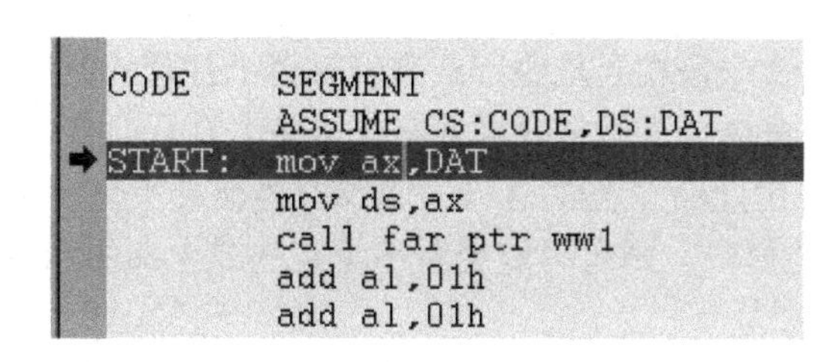

图 1-32　起点设置

④ 单步（T）：单击此命令使程序执行一条语句，如果是函数则进入函数内部，执行后刷新所有的变量和寄存器的值。

并不是所有的语句行都适用单步，如系统调用语句不应该使用单步，而应该用跳过命令跳过该语句行。

⑤ 跳过（O）：单击此命令使程序执行一个函数，执行后刷新所有变量和寄存器的值。只有在当前执行行为函数调用或系统调用时，才用此命令。如果函数内部有断点，单击“跳过”指令后，程序会停在函数内部有断点的行。

⑥ 运行到断点/运行：从当前执行行开始向后运行，如果没有断点，则运行直到程序结束。如果有断点，则运行到断点后停止，运行到断点后如果再次单击此菜单，则从当前断点位置继续执行，直到再次遇到断点或程序结束。

⑦ 停止：发送此命令使程序停止运行，程序停止后刷新所有寄存器和变量。

⑧ 固化程序：将实验程序固化到系统存储器 Flash 中，以实现程序的脱机运行。此命令只有在程序正常加载后执行。

（8）“虚拟仪器”菜单项

具体各项说明详见 1.3.2 节专用图形显示介绍部分。

（9）“窗口”菜单项

如图 1-33 所示，窗口菜单提供了以下命令，这些命令使您能在应用程序窗口中安排多个文档的多个视图。

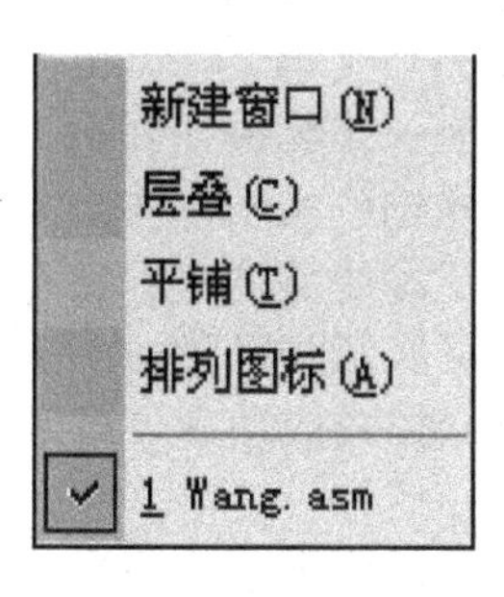

图 1-33　“窗口”菜单

① 新建窗口（N）：用此命令来打开一个具有与活动的窗口相同内容的新窗口。您可同时打开数个文档窗口以显示文档的不同部分或视图。如果您对一个窗口的内容做了改动，所有其他包含同一文档的窗口也会反映出这些改动。当您打开一个新的窗口，这个新窗口就成了活动的窗口并显示于所有其他打开窗口之上。

② 层叠（C）：用此命令按相互重叠形式来安排多个打开的窗口。

③ 平铺（T）：用此命令按互不重叠形式来安排多个打开的窗口。

④ 排列图标（A）：用此命令在主窗口的底部安排被最小化的窗口的图标。如果在主窗口的底部有一个打开的窗口，则有可能会看不见某些或全部图标，因为它们在这个文档窗口的下面。

⑤ 窗口 1，2，…：Wmd86 在窗口菜单的底部显示出当前打开的文档窗口的清单。有一个打钩记号出现在活动的窗口的文档名前。从该清单中挑选一个文档可使其窗口成为活动窗口。

(10)“帮助”菜单项

“帮助”菜单提供以下的命令，为您提供使用这个应用程序的帮助。

① 关于（A）Wmd86：用此命令来显示所使用的 Wmd86 软件版本的版权信息和版本号。

② 帮助主题（H）：用此命令来显示软件帮助信息。可以查看关于使用 Wmd86 的一些指令以及各种不同类型参考资料。

3. 工具栏功能介绍

(1) 标准工具栏

标准工具栏按钮图标如下。

① 新建文档：用此按钮在 Wmd86 中建立一个新文档。

② 打开文档：用此按钮在一个新的窗口中打开一个现存的文档。

③ 保存：用此按钮将当前活动文档保存到其当前的文件名和目录下。

④ 剪切：用此按钮将当前被选取的数据从文档中删除并放置于剪贴板上。

⑤ 复制：用此按钮将被选取的数据复制到剪贴板上。

⑥ 粘贴：用此按钮将剪贴板上内容的一个副本插入到插入点处。

⑦ 打印：用此按钮来打印一个文档。

⑧ 撤销：用此按钮来撤销上一步编辑操作。

⑨ 恢复：用此按钮来恢复撤销的编辑操作。

⑩ 变量区：用此按钮可显示和隐藏变量和寄存器区。

⑪ 输出信息区：用此按钮可显示和隐藏输出区。

⑫ 选择要监视的全局变量：加载成功后才可用此按钮。单击此按钮，可进行全局变量监视。

⑬ 选择是否要监视堆栈：单击此按钮将弹出堆栈监控对话框。

(2) 编译工具栏

编译工具栏按钮图标如下。

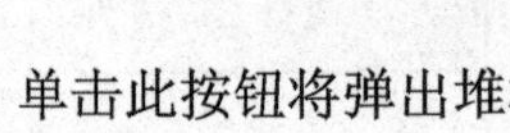

① 编译：编译当前活动文档中的源程序，在源文件目录下生成目标文件。

② 链接：链接编译生成的目标文件，在源文件目录下生成可执行文件。

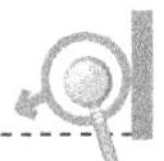

③ 加载：把链接生成的可执行文件加载到下位机。

④ 编译链接并加载：依次执行编译、链接和加载。

（3）调试工具栏

调试工具栏按钮图标如下。

① 设置起点：当前光标所在的行为当前行，此命令把当前行设置为程序的起点，即程序从此行开始运行，寄存器区的CS和IP的值刷新后指向此行。

② 单步：单击此命令使程序执行一条语句。

③ 跳过：单击此命令使程序执行一个函数，执行后刷新所有变量和寄存器的值。

④ 设置断点/删除断点：为光标所在行设置断点或删除当前行的已有断点。源程序设置的断点数不能超过8个。

⑤ 清除所有断点：清除源程序中设置的所有断点。

⑥ 运行到断点/运行：从当前执行行开始向后运行，如果没有断点，则运行直到程序结束。如果有断点，则运行到断点后停止，运行到断点后再次单击此按钮，则程序从当前断点位置继续执行，直到再次遇到断点或程序结束。

⑦ 停止：发送此命令使程序停止运行，程序停止后刷新所有寄存器和变量的值。

4．专用图形显示

专用图形显示功能主要用于观察“直流电机闭环调速”跟踪曲线（实时显示给定转速、反馈转速的曲线响应关系）及“温度单元温度闭环控制”跟踪曲线（实时显示给定温度和反馈温度的曲线响应关系）。“直流电机闭环调速”实验响应曲线示例如图1-34所示。

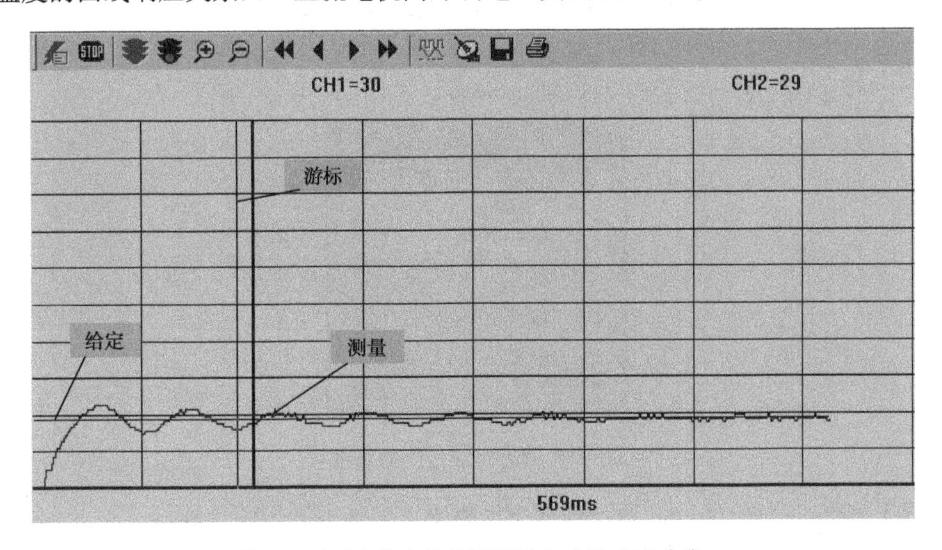

图1-34 “直流电机闭环调速”实验响应曲线

（1）显示说明

① CH1=30：要求电动机达到的转速值。

② CH2=29：运行状态下表示电机当前的转速值，暂停状态下表示指定时刻的电机的

转速值。

③ 569ms：在运行态下不出现此值，只有在暂停状态下才出现此值，图形中有一条竖直线为游标，只有在暂停状态下才出现。“569ms”表示游标所在位置的时刻与图形最左端时刻的差值。图形中的黄线为每个时刻要求电机达到的转速值，图形中的绿线表示每个时刻电机的实际转速值。

（2）工具栏功能简介

① 按钮：运行加载在下位机中的程序。“CH1=”后显示的是当前时刻要求电机达到的转速值，“CH2=”后显示的是当前电机实际达到的转速值。

② 停止：使下位机中运行的程序停止。

③ 暂停：在运行状态下使能，使波形暂停显示并出现游标。

④ 继续：在暂停状态下使能，使波形继续显示，游标消失。

⑤ 放大：放大波形。

⑥ 缩小：缩小波形。

⑦ 快速左移游标：在暂停状态下，使游标快速向左移动。“CH1=”后显示的是游标所在时刻要求电机达到的转速值，“CH2=”后显示的是游标所在时刻电机实际达到的转速值。“XX ms”表示游标所在位置的时刻与图形最左端时刻的差值。

⑧ 左移游标：在暂停状态下，使游标向左缓慢移动。

⑨ 快速右移游标：在暂停状态下，使游标向右缓慢移动。

⑩ 右移游标：在暂停状态下，使游标快速向右移动。

⑪ 记录波形：单击此按钮，出现如图 1-35 所示对话框。

选中“图一”单选按钮，单击“确定”按钮，系统会把当前时刻的波形保存到图一中，共可保存三幅图。图形只是保存于数据缓冲中，供图形比较时使用。

⑫ 显示波形：显示保存到图一、图二和图三中的波形，此时可以对几幅图进行比较，如图 1-35 所示。

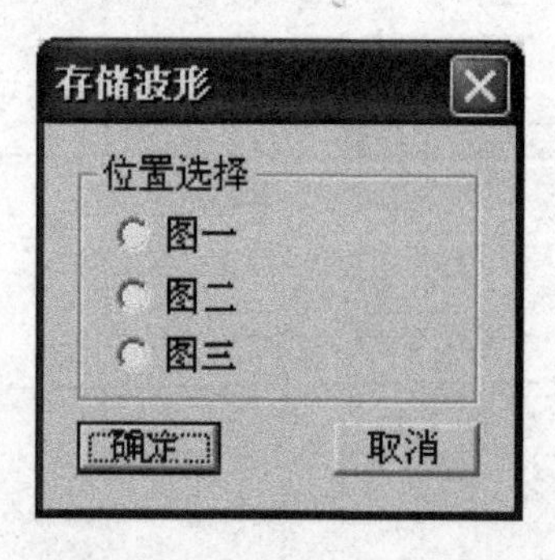

图 1-35 “存储波形”对话框

⑬ 保存波形：以.bmp 格式保存当前屏幕上的波形到指定文件。

⑭ 打印波形：打印当前屏幕上的波形。

5. 右键菜单功能

如果用户在程序编辑区单击右键，出现编辑菜单，如果在非客户区单击右键，出现工具栏菜单。分别介绍如下：

“编辑”菜单如图 1-36 所示，“编辑”菜单提供了“剪切”、“复制”、“粘贴”命令。

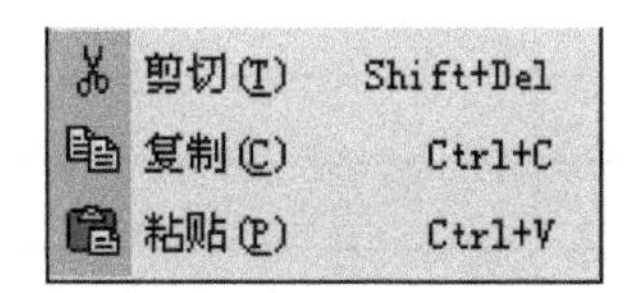

图 1-36 “编辑”菜单

“工具栏”菜单如图 1-37 所示，与“查看”菜单中的工具栏的下拉菜单内容相同，功能亦相同。

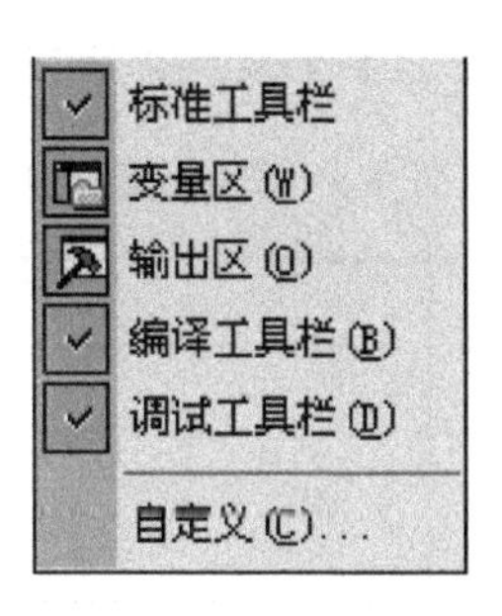

图 1-37 “工具栏”菜单

6. Debug 调试命令

Wmd86 集成开发软件输出区集成有 Debug 调试，单击“调试”标签进入 Debug 状态，会出现命令提示符“>”，主要命令叙述如下：

A 汇编命令

格式：A[段址:][偏移量]↵

A 段址:偏移量↵——从段址:偏移量构成的实际地址单元起填充汇编程序的目标代码。

A 偏移量↵——从默认的段址与给定的偏移量构成的实际地址单元起填充汇编程序目标代码。

A↵——从默认段址:默认偏移量构成的实际地址单元起填充汇编程序的目标代码。

输入上述命令后，屏幕显示地址信息，即可输入源程序。若直接回车，则退出命令。汇编程序输入时，数据一律为十六进制数，且省略 H 后缀。[m]类操作一定要在[ ]之前标注 W（字）或 B（字节），如 MOV B[2010], AX，MOV W[2010], AX。

例：在“>”提示符下输入 A2000↵，此时默认的段址 CS 为 0000，规定偏移量 IP 为 2000，屏幕显示与操作示例见表 1-2。

表 1-2 小汇编操作示例

显示内容	输入内容
0000:2000	MOV AX, 1234↵
0000:2003	INC AX↵

续表

显示内容	输入内容
0000:2004	DEC AX ↵
0000:2005	JMP 2000 ↵
0000:2007	↵

B 断点设置

在系统提示符下，输入 B↵，系统提示[i]:，等待输入断点地址。输入断点地址后回车，系统继续提示[i+1]:。若直接按回车键，则结束该命令。系统允许设置最多 10 个断点，断点的清除只能是通过系统复位或重新上电来实现。B 命令示例见表 1-3。

表 1-3　B 命令示例

显示内容	输入内容
>	B ↵
[0]:	2009 ↵
[1]:	↵

D 显示内存数据命令

格式：D[[段址:]起始地址 , [尾地址]] ↵

D 命令执行后屏幕上显示一段地址单元中的数据，在显示过程中，可用 Ctrl+S 键来暂停显示，用任意键继续；也可用 Ctrl+C 键终止数据显示，返回监控状态。

E 修改存储单元内容命令

格式：E[[段址:]偏移量] ↵

该命令执行后，则按字节显示或修改数据，可通过“空格”键进入下一高地址单元数据的修改，使用“-”键则进入下一低地址单元进行数据的修改，并可填入新的数据来修改地址单元的内容。若按回车键，则结束 E 命令。E 命令示例见表 1-4。

表 1-4　E 命令示例

显示内容	输入内容
>	E3500 ↵
0000:3500　00_	05 空格
0000:3501　01_	空格
0000:3502　02_	–
0000:3501　01_	↵

G 运行程序命令

格式：G=[段址:]偏移量 ↵

　　　GB= [段址:]偏移量] ↵

其中，G 格式表示无断点连续运行程序，GB 格式表示带断点连续运行程序，连续运行

过程中，当遇到断点或按下 Ctrl+C 键时，终止程序运行。

M 数据块搬移

格式：M 源地址 , 尾地址 目标地址↵

R 检查和修改寄存器内容命令

格式：R↵或 R 寄存器名↵

R↵操作后，屏幕显示：CS=XXXX DS=XXXX IP=XXXX AX=XXXX F=XXXX

若需要显示并修改特定寄存器内容，则选择 R 寄存器名↵操作。如 RAX↵，则显示：AX=XXXX，按回车键，结束该命令。若输入四位十六进制数并回车，则将该数填入寄存器 AX 中，并结束该命令。

T 单步运行指定的程序

格式：T[=[段址:]偏移量]↵

每次按照指定的地址或 IP/PC 指示的地址，单步执行一条指令后则显示运行后的 CPU 寄存器情况。

U 反汇编命令

格式：U[[段址:]起始地址[, 尾地址]]

1.3.3 实验系统认识实验

1. 实验目的

掌握 TD-PITE 微机原理与接口技术教学实验系统的操作，熟悉 Wmd86 集成开发调试软件的操作环境，为后续软件实验和硬件实验奠定基础。

2. 实验设备

（1）微型计算机 1 台。

（2）TD-PITE 微机接口实验系统 1 套。

3. 实验内容

编写汇编实验程序，将 00H～0FH 共 16 个数写入内存从 3000H 开始的连续 16 个存储单元中。

4. 实验步骤

（1）打开 Wmd86 软件，进入 Wmd86 集成开发环境。

（2）根据程序设计所选择语言的不同，通过在“设置”下拉列表来选择需要使用的语言和寄存器类型。这里的语言选项我们选择“汇编语言”，寄存器设置成“16 位寄存器”，如图 1-38、图 1-39 所示。设置语言环境后，下次再启动软件，语言环境将保持此次的设置不变。

图 1-38　语言环境设置界面

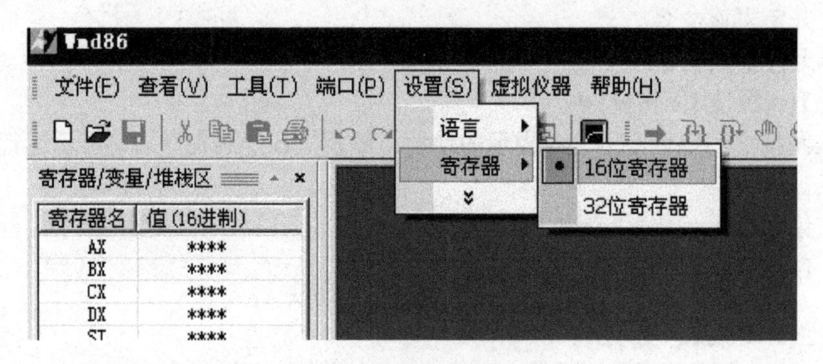

图 1-39　寄存器设置界面

（3）选择好语言和寄存器后，单击“新建”命令或按 Ctrl+N 键来新建一个文档，如图 1-40 所示。系统默认的文件名为 Wmd861。

图 1-40　新建文件界面

（4）在程序编辑区输入如下内容的实验程序，执行保存操作时系统会提示输入新的文件名，输完后单击“保存”按钮。

```
SSTACK    SEGMENT STACK                ;定义堆栈段
          DW 32 DUP(?)
SSTACK    ENDS
```

```
CODE    SEGMENT
        ASSUME CS:CODE, SS:SSTACK
START:  PUSH DS
        XOR AX, AX
        MOV DS, AX
        MOV SI, 3000H              ;建立数据起始地址
        MOV CX, 16                 ;循环次数
AA1:    MOV [SI], AL
        INC SI                     ;地址自加 1
        INC AL                     ;数据自加 1
        LOOP AA1
        MOV AX,4C00H
        INT 21H                    ;程序终止
CODE    ENDS
        END START
```

（5）单击按钮，编译文件，若程序编译无误，则可以继续单击按钮进行链接，链接无误后方可以加载程序。编译、链接后输出区会显示如图 1-41 所示的输出信息。

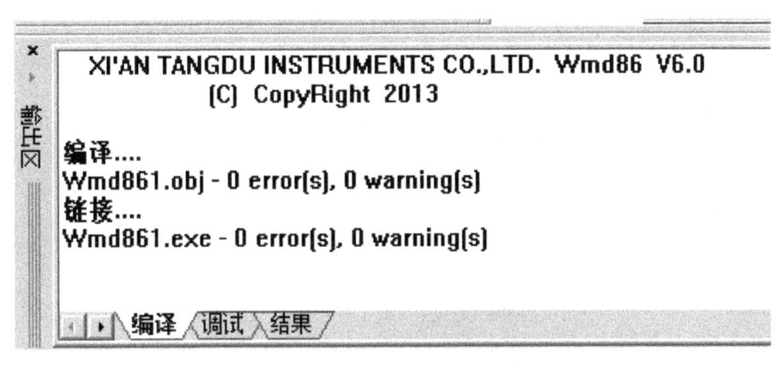

图 1-41 输出区信息显示界面

（6）连接 PC 与实验系统的通信电缆，打开实验系统电源。

（7）编译、链接都正确并且上下位机通信成功后，就可以下载程序，联机调试了。可以通过端口列表中的“端口测试”来检查通信是否正常。单击按钮下载程序。按钮为编译、链接、下载组合按钮，通过该按钮可以将编译、链接、下载一次完成。下载成功后，在输出区的结果窗中会显示“加载成功!”，表示程序已正确下载。程序中起始运行语句下会有一条绿色的背景，如图 1-42 所示。

（8）将输出区切换到调试窗口，使用 D0000:3000 命令查看内存 3000H 起始地址的数据，如图 1-43 所示。存储器在初始状态时，默认数据为 CC。

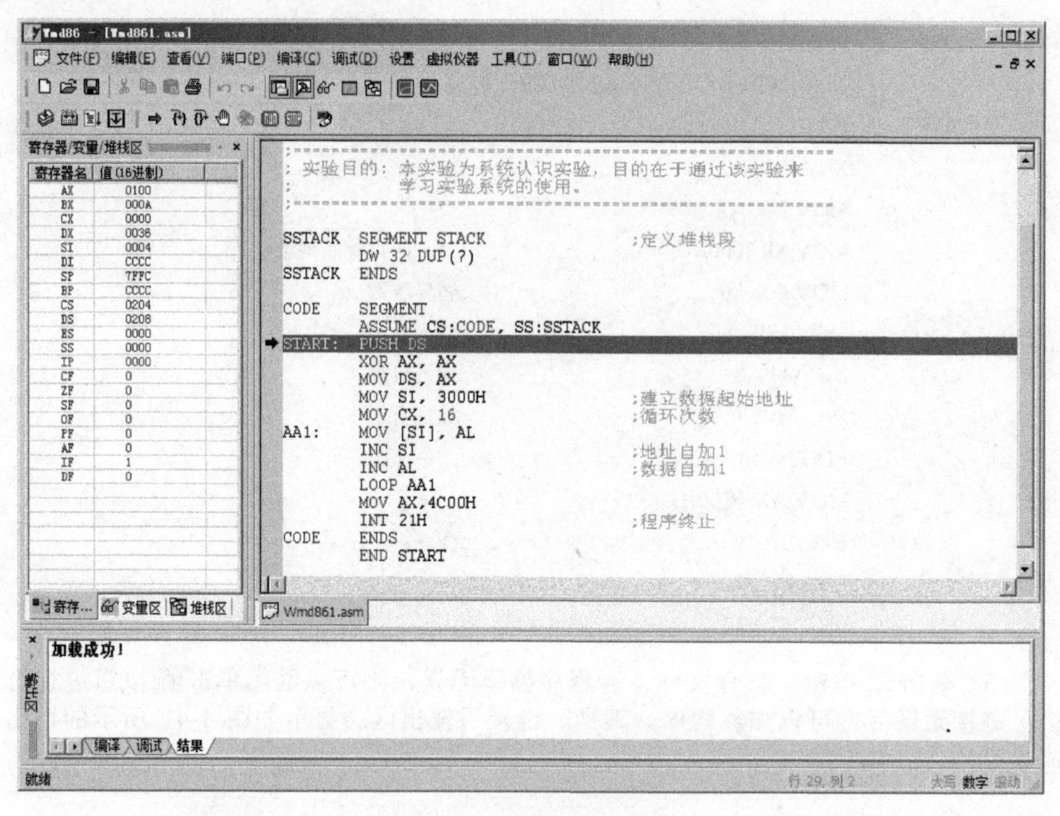

图 1-42　加载成功显示界面

图 1-43　内存地址单元数据显示

（9）单击按钮运行程序，等待程序运行停止后，通过 D0000:3000 命令来观察程序运行结果，如图 1-44 所示。

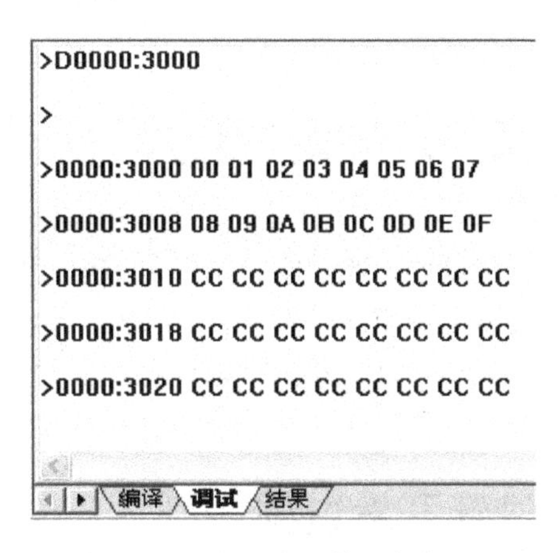

图 1-44 运行程序后数据变化显示

（10）也可以通过设置断点，断点显示如图 1-45 所示，然后运行程序，当遇到断点时程序会停下来，然后观察数据。可以使用 E0000:3000 来改变该地址单元的数据，如图 1-46 所示，输入 11 后，按空格键，可以接着输入第二个数，如 22，按回车键结束输入。

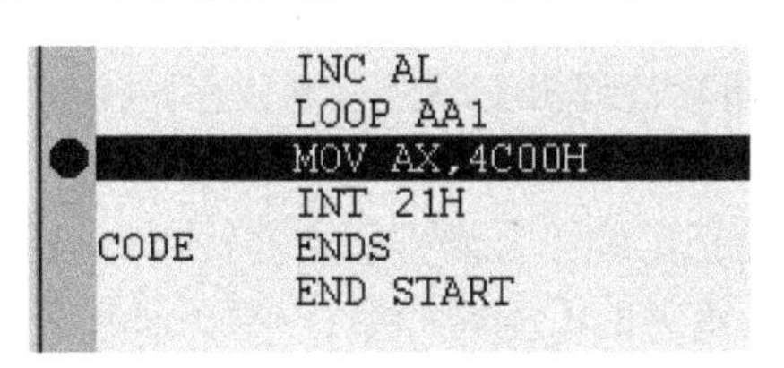

图 1-45 断点设置显示

图 1-46 修改内存单元数据显示界面

第 2 章　汇编语言程序设计实验

本章主要介绍汇编语言程序设计，通过实验来学习 80x86 的指令系统、寻址方式以及程序的设计方法，同时掌握实验系统集成开发软件的使用。简单介绍了汇编语言程序设计开发过程，并且列举了几个汇编语言程序设计实验。这些实验的程序设计既可以在 TD-PITE 软件工具集成环境平台上进行，也可以在其他汇编程序开发环境下进行。

2.1　汇编语言程序设计开发过程

2.1.1　汇编程序设计流程

汇编语言程序设计一般包括以下几个步骤：

（1）分析问题，画出流程图。分析任务，确定算法，并画出描述算法的流程图，使得动手编写程序时逻辑更加清晰。

（2）编写源程序。用编辑软件编辑汇编语言源程序，得到一个扩展名为“.ASM”的源程序文件。

（3）编译、链接。编译是把汇编语言源程序文件转化为机器能识别的二进制目标文件。目标文件的后缀是“.OBJ”。常见的汇编编译器有 Microsoft 公司的 MASM 系列和 Borland 公司的 TASM 系列编译器。

链接是把汇编产生的二进制目标文件生成可执行文件（.EXE）。

（4）运行。对可执行文件进行各种方法的执行，可随时了解中间结果，以及程序执行流程情况。

（5）调试。可以单步或设置断点执行程序，到断点处查看寄存器与内存的内容。当程序在设计上存在逻辑错误或缺陷时，通过调试能快速定位问题，发现和改正程序中的错误。

整个汇编程序设计的流程图如图 2-1 所示。

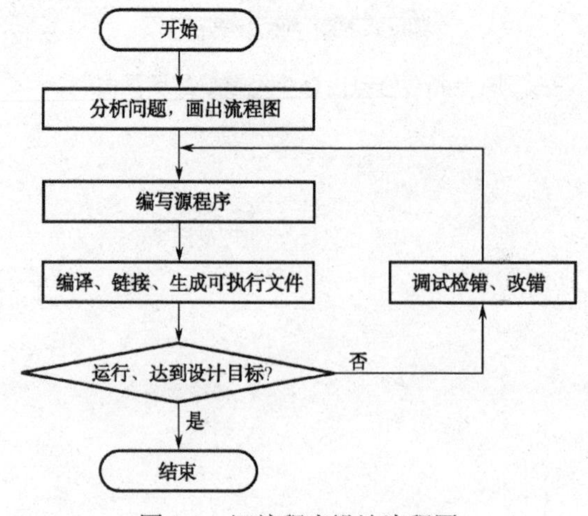

图 2-1　汇编程序设计流程图

2.1.2 汇编程序的基本结构

典型的汇编程序包括代码段、数据段、堆栈段和附加数据段。但是在很多情况下并不需要在程序中添加所有的段，下面给出汇编程序的基本结构。省略号的地方是需要根据实际开发需求填写的内容。

```
STACK    SEGMENT STACK                    ;堆栈段的定义
...      ...
...      ...
STACK    ENDS

DATA     SEGMENT                          ;数据段的定义
...      ...
...      ...
DATA     ENDS

CODE     SEGMENT                          ;代码段的定义
         ASSUME  CS:CODE, DS:DATA
START:   MOV     AX, DATA
         MOV     DS, AX                   ;数据段初始化
         ...     ...
         ...     ...

         MOV     AH, 4CH                  ;返回 DOS
         INT     21H
CODE     ENDS                             ;代码段结束
         END START                        ;程序结束
```

代码框架中包含两部分，分别是代码段和数据段。代码段用来存放设计的程序指令，数据段用来存放常量和变量数据。

代码段是程序的主体，不可或缺。在代码中必须使用 ASSUME 伪指令把代码段的首地址关联到 CS 寄存器，数据段关联到 DS 寄存器。但是程序运行的时候，CS 寄存器会自动加载代码段地址的值，而 DS 寄存器则不会，所以在程序开始时，需要手动把数据段的首地址保存到 DS。

2.2 输入/输出程序设计

1. 实验目的

（1）了解 INT 21H 各功能调用模块的作用及用法。

（2）掌握 Wmd86 软件界面下数据输入和输出的方法。

2．实验设备

（1）微型计算机 1 台。
（2）TD-PITE 微机接口实验系统 1 套。

3．实验内容

编写实验程序，实现在显示器上的输出窗口显示 A～Z 共 26 个大写英文字母。

4．实验步骤

（1）参考附录 B 中 INT 21H 功能调用使用说明，编写实验程序，经编译、链接无误后装入系统。
（2）运行实验程序，观察实验结果。
（3）编写实验程序，实现 INT 21H 各种功能调用。
（4）仔细分析实验内容，理解 INT 21H 各功能调用的用法。

5．参考程序

```
;==========================================================
; 功能描述：使用 INT 21H 功能调用实现显示 A～Z 共 26 个字母
;==========================================================
SSTACK  SEGMENT STACK
        DW 64 DUP(?)
SSTACK  ENDS

CODE    SEGMENT
        ASSUME CS:CODE

START:  MOV CX,001AH
        MOV DL,41H
        MOV AL,DL
A1:     MOV AH,02H
        INT 21H                     ;功能调用
        INC DL
        PUSH CX
        MOV CX,0FFFFH
A2:     LOOP A2
        POP CX
```

```
        DEC CX
        JNZ A1
        MOV AX,4C00H
        INT 21H                        ;程序终止
CODE    ENDS
        END START

;=====================================================
; 功能描述：INT 21H 功能调用示例程序
;=====================================================
DATA1   SEGMENT
MES1    DB 'This is program of INT 21H !','$'
DATA1   ENDS

DATA2   SEGMENT
MES2    DB 0FFH DUP(?)
DATA2   ENDS

SSTACK  SEGMENT STACK
        DW 64 DUP(?)
SSTACK  ENDS

CODE    SEGMENT
        ASSUME CS:CODE

START:
        MOV AH,08H
        INT 21H                        ;读键盘输入到 AL 中无显示

        MOV AH,01H
        INT 21H                        ;读键盘输入到 AL 中并显示出来

        CALL ENTERR

        MOV CX,04H
        MOV DL,41H
AA:     MOV AH,02H
        INT 21H
```

```
        INC DL
        LOOP AA                         ;将 DL 中的数据显示出来

        CALL ENTERR

        MOV AX,DATA1
        MOV DS,AX
        MOV DX,OFFSET MES1
        MOV AH,09H
        INT 21H                         ;显示数据段 DATA1 中的字符串

        CALL ENTERR

        MOV AX,DATA2
        MOV DS,AX
        MOV DX,OFFSET MES2
        MOV AH,0AH
        INT 21H                         ;读入字符串放到数据段 DATA2 中，以回车结束

        ADD DX,02H
        MOV AH,09H
        INT 21H                         ;将数据段 DATA2 中的字符串显示出来

        MOV AX,4C00H
        INT 21H                         ;程序终止

ENTERR:
        MOV AH,02H
        MOV DL,0DH
        INT 21H                         ;回车
        MOV AH,02H
        MOV DL,0AH
        INT 21H                         ;换行
        RET

CODE    ENDS
        END START
```

2.3　数码转化类程序设计

2.3.1　将 ASCII 码表示的十进制数转换为二进制数

1. 实验目的

（1）掌握不同进制数及编码相互转换的程序设计方法，加深对数制转换的理解。
（2）进一步掌握程序调试的方法。

2. 实验设备

（1）微型计算机 1 台。
（2）TD-PITE 微机接口实验系统 1 套。

3. 实验内容

计算机输入设备输入的信息一般是由 ASCII 码或 BCD 码表示的数据或字符，CPU 一般均用二进制数进行计算或其他信息处理，处理结果的输出又必须依照外设的要求变为 ASCII 码、BCD 码或七段显示码等。因此，在应用软件中，各类数制的转换是必不可少的。

计算机与外设间的数码转换关系如图 2-2 所示，数码对应关系见表 2-1。

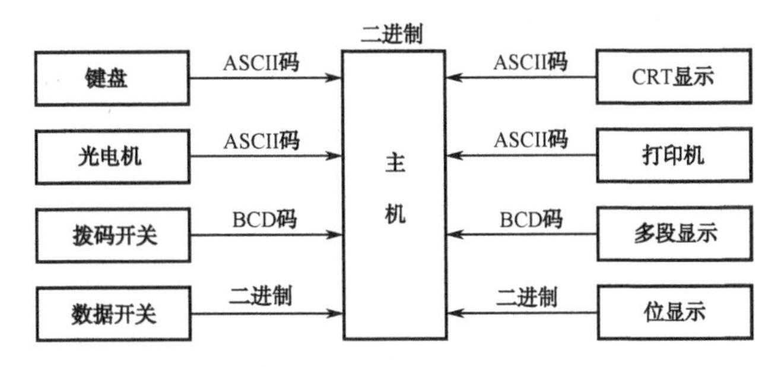

图 2-2　计算机与外设间的数码转换关系

十进制数可表示为

$$D_n \times 10^n + D_{n-1} \times 10^{n-1} + \cdots + D_0 \times 10^0 = \sum_{i=0}^{n} D_i \times 10^i \qquad (2.1)$$

式中，D_i 代表被转换的十进制数 0，1，2，…，9。

式（2.1）可转换为

$$\sum_{i=0}^{n} D_i \times 10^i = (\cdots((D_n \times 10 + D_{n-1}) \times 10 + D_{n-2}) \times 10 + \cdots + D_1) \times 10 + D_0 \qquad (2.2)$$

由式（2.2）可归纳十进制数转换为二进制数的方法：从十进制数的最高位 D_n 开始作乘 10 加次位的操作，将结果乘以 10 再加下一个次位数，如此重复，即可求出二进制数的结果。

表 2-1 数制对应关系表

十六进制	BCD 码	二进制机器码	ASCII 码	七 段 码	
				共 阳	共 阴
0	0000	0000	30H	40H	3FH
1	0001	0001	31H	79H	06H
2	0010	0010	32H	24H	5BH
3	0011	0011	33H	30H	4FH
4	0100	0100	34H	19H	66H
5	0101	0101	35H	12H	6DH
6	0110	0110	36H	02H	7DH
7	0111	0111	37H	78H	07H
8	1000	1000	38H	00H	7FH
9	1001	1001	39H	18H	67H
A		1010	41H	08H	77H
B		1011	42H	03H	7CH
C		1100	43H	46H	39H
D		1101	44H	21H	5EH
E		1110	45H	06H	79H
F		1111	46H	0EH	71H

程序流程图如图 2-3 所示，实验程序参考例程。

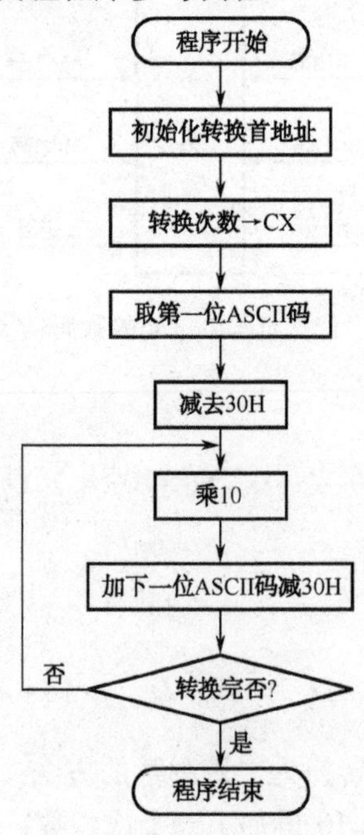

图 2-3 转换程序流程图

4. 实验步骤

（1）绘制程序流程图，编写实验程序，经编译、链接无误后装入系统。

（2）待转换数据存放于数据段，根据自己要求输入，默认为 30H、30H、32H、35H、36H。

（3）运行程序，然后停止程序。

（4）查看 AX 寄存器，即为转换结果，应为 0100。

（5）反复试几组数据，验证程序的正确性。

5. 参考程序

```
;=======================================================
; 功能描述：将 ASCII 码表示的十进制转换为二进制
;=======================================================
PUBLIC    SADD
SSTACK    SEGMENT STACK
          DW 64 DUP(?)
SSTACK    ENDS

DATA      SEGMENT
SADD      DB   30H,30H,32H,35H,36H          ;十进制数：00256
DATA      ENDS

CODE      SEGMENT
          ASSUME CS:CODE, DS:DATA

START:    MOV AX, DATA
          MOV DS, AX
          MOV AX, OFFSET SADD
          MOV SI, AX
          MOV BX, 000AH
          MOV CX, 0004H
          MOV AH, 00H
          MOV AL, [SI]
          SUB AL, 30H
A1:       IMUL BX
          MOV DX, [SI+01]
          AND DX, 00FFH
```

```
            ADC AX, DX
            SBB AX, 30H
            INC SI
            LOOP A1
A2:         JMP A2
CODE        ENDS
            END START
```

2.3.2 将十进制数的ASCII码转换为BCD码

1. 实验目的

（1）掌握不同进制数及编码相互转换的程序设计方法，加深对数制转换的理解。
（2）进一步掌握程序调试的方法。

2. 实验设备

（1）微型计算机1台。
（2）TD-PITE微机接口实验系统1套。

3. 实验内容

从键盘输入五位十进制数的ASCII码，存放于3500H起始的内存单元中，将其转换为BCD码后，再按位分别存入350AH起始的内存单元内。若输入的不是十进制的ASCII码，则对应存放结果的单元内容为“FF”。由表2-1可知，一字节ASCII码取其低四位即变为BCD码。

4. 实验步骤

（1）自己绘制程序流程图，然后编写程序，编译、链接无误后装入系统。
（2）在3500H～3504H单元中存放五位十进制数的ASCII码，即输入E3500后，输入31、32、33、34、35。
（3）运行程序，等待程序运行停止。
（4）在调试窗口输入D350A，显示运行结果，应为
0000:350A 01 02 03 04 05 CC ...
（5）反复测试几组数据，验证程序功能。

5. 参考程序

```
;==================================================
; 功能描述：将十进制数的ASCII码转换为BCD码
;==================================================
```

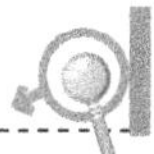

```
SSTACK   SEGMENT STACK
         DW 64 DUP(?)
SSTACK   ENDS

CODE     SEGMENT
         ASSUME CS:CODE

START:   MOV CX, 0005H                  ;转换位数
         MOV DI, 3500H                  ;ASCII 码首地址
A1:      MOV BL, 0FFH                   ;将错误标志存入 BL
         MOV AL, [DI]
         CMP AL, 3AH
         JNB A2                         ;不低于 3AH 则转 A2
         SUB AL, 30H
         JB A2                          ;低于 30H 则转 A2
         MOV BL, AL
A2:      MOV AL, BL                     ;结果或错误标志送入 AL
         MOV [DI+0AH],AL                ;结果存入目标地址
         INC DI
         LOOP A1
         MOV AX,4C00H
         INT 21H                        ;程序终止
CODE     ENDS
         END START
```

2.3.3 将十六位二进制数转换为 ASCII 码表示的十进制数

1. 实验目的

（1）掌握不同进制数及编码相互转换的程序设计方法，加深对数制转换的理解。

（2）进一步掌握程序调试的方法。

2. 实验设备

（1）微型计算机 1 台。

（2）TD-PITE 微机接口实验系统 1 套。

3. 实验内容

十六位二进制数的值域为 0～65535，最大可转换为五位十进制数。

五位十进制数可表示为

$$N = D_4 \times 10^4 + D_3 \times 10^3 + D_2 \times 10^2 + D_1 \times 10 + D_0$$

式中，D_i 是十进制数 0～9。

将十六位二进制数转换为五位 ASCII 码表示的十进制数，就是求 D1～D4，并将它们转换为 ASCII 码。自行绘制程序流程图，实验程序参考例程。例程中源数存放于 3500H、3501H 中，转换结果存放于 3510H～3514H 单元中。

4. 实验步骤

（1）编写程序，经编译、链接无误后，装入系统。

（2）在 3500H、3501H 中存入 0C 00。

（3）运行程序，等待程序运行停止。

（4）检查运行结果，输入 D3510，结果应为 30 30 30 31 32。

（5）可反复测试几组数据，验证程序的正确性。

5. 参考程序

```
;=======================================================
; 功能描述：将十六位二进制数转换为 ASCII 码表示的十进制数
;=======================================================
SSTACK    SEGMENT STACK
          DW 64 DUP(?)
SSTACK    ENDS

CODE      SEGMENT
          ASSUME CS:CODE

START:    MOV SI,3500H                     ;源数据地址
          MOV DX,[SI]
          MOV SI,3515H                     ;目标数据地址
A1:       DEC SI
          MOV AX,DX
          MOV DX,0000H
          MOV CX,000AH                     ;除数 10
          DIV CX                           ;得商送 AX，得余数送 DX
          XCHG AX,DX
```

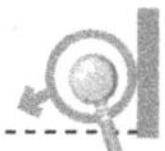

```
            ADD AL,30H                  ;得 Di 得 ASCII 码
            MOV [SI],AL                 ;存入目标地址
            CMP DX,0000H
            JNE A1                      ;判断转换是否结束，未结束则转 A1
A2:         CMP SI,3510H                ;与目标地址的首地址比较等于首地址
            JZ A3                       ;则转 A3，否则将剩余地址中填 30H
            DEC SI
            MOV AL,30H
            MOV [SI],AL
            JMP A2
A3:         MOV AX,4C00H
            INT 21H                     ;程序终止

CODE        ENDS
            END START
```

2.3.4 将十六进制数转换为 ASCII 码

1. 实验目的

（1）掌握不同进制数及编码相互转换的程序设计方法，加深对数制转换的理解。
（2）进一步掌握程序调试的方法。

2. 实验设备

（1）微型计算机 1 台。
（2）TD-PITE 微机接口实验系统 1 套。

3. 实验内容

由表 2-1 中十六进制数与 ASCII 码的对应关系可知：将十六进制数 0H～09H 加上 30H 后得到相应的 ASCII 码，AH～FH 加上 37H 可得到相应的 ASCII 码。将四位十六进制数存放于起始地址为 3500H 的内存单元中，把它们转换为 ASCII 码后存入起始地址为 350AH 的内存单元中。自行绘制流程图。

4. 实验步骤

（1）编写程序，经编译、链接无误后装入系统。
（2）在 3500H、3501H 中存入四位十六进制数 203B，即输入 E3500，然后输入 3B 20。
（3）先运行程序，等待程序运行停止。
（4）输入 D350A，显示结果为 0000:350A　32　30　33　42　CC　…。

（5）反复输入几组数据，验证程序功能。

5. 参考程序

```
;==========================================================
; 功能描述：十六进制数转换为 ASCII 码
;==========================================================
SSTACK   SEGMENT STACK
         DW 64 DUP(?)
SSTACK   ENDS

CODE     SEGMENT
         ASSUME CS:CODE

START:   MOV CX,0004H
         MOV DI,3500H              ;十六进制数源地址
         MOV DX,[DI]
A1:      MOV AX,DX
         AND AX,000FH              ;取低 4 位
         CMP AL,0AH
         JB A2                     ;小于 0AH 则转 A2
         ADD AL,07H                ;在 A～FH 之间，需多加上 7H
A2:      ADD AL,30H                ;转换为相应 ASCII 码
         MOV [DI+0DH],AL           ;结果存入目标地址
         DEC DI
         PUSH CX
         MOV CL,04H
         SHR DX,CL                 ;将十六进制数右移 4 位
         POP CX
         LOOP A1
         MOV AX,4C00H
         INT 21H                   ;程序终止
CODE     ENDS
         END START
```

2.3.5 用查表法将十六进制数转换为 ASCII 码

1. 实验目的

学习查表程序的设计方法。

2. 实验设备

（1）微型计算机 1 台。

（2）TD-PITE 微机接口实验系统 1 套。

3. 实验内容

所谓查表，就是根据某个值，在数据表格中寻找与之对应的一个数据。在很多情况下，通过查表比通过计算要使程序更简单，更容易编制。

通过查表的方法实现十六进制数转换为 ASCII 码。根据表 2-1 可知，0～9 的 ASCII 码为 30H～39H，而 A～F 的 ASCII 码为 41H～46H，这样就可以将 0～9 与 A～F 对应的 ASCII 码保存在一个数据表格中。当给定一个需要转换的十六进制数时，就可以快速地在表格中找出相应的 ASCII 码值。

4. 实验步骤

（1）根据设计思想绘制程序流程图，编写实验程序。

（2）经编译、链接无误后，将目标代码装入系统。

（3）将变量 HEX、ASCH、ASCL 添加到变量监视窗口中，并修改 HEX 的值，如 12。

（4）在语句 JMP AA1 处设置断点，然后运行程序。

（5）程序会在断点行停止运行，并更新变量窗口中变量的值，查看变量窗口，ASCH 应为 31，ASCL 应为 32。

（6）反复修改 HEX 的值，观察 ASCH 与 ASCL 的值，验证程序功能。

5. 参考程序

```
;==================================================================
; 功能描述：通过查表的方法实现十六进制到 BCD 码的转换
;==================================================================
; 实验方法：
;    程序下载完成后，首先查看寄存器 CS 的值，根据 CS 的值使用反汇编 U 命令查看 DS 的值，
;    然后更改 DS 段 3000H 处的值，即需转换的十六进制数，转换结果存放在 3001H（高 4 位）
;    和 3002H（低 4 位）中。
;==================================================================
SSTACK   SEGMENT STACK
         DW 32 DUP(?)
SSTACK   ENDS

PUBLIC   ASCH, ASCL, HEX
DATA     SEGMENT
```

```
TAB          DB 30H,31H,32H,33H,34H,35H,36H,37H,38H,39H
        DB 41H,42H,43H,44H,45H,46H
HEX          DB ?
ASCH    DB ?
ASCL    DB ?
DATA    ENDS

CODE    SEGMENT
        ASSUME CS:CODE, DS:DATA
START:  PUSH DS
        XOR AX, AX
        MOV AX, DATA
        MOV DS, AX
AA1:    MOV AL, HEX                ;需转换的十六进制数
        MOV AH, AL
        AND AL, 0F0H
        MOV CL, 04H
        SHR AL, CL
        MOV BX, OFFSET TAB         ;表首地址存放于 BX 中
        XLAT
        MOV ASCH, AL               ;存放十六进制数高 4 位的 BCD 码
        MOV AL, AH
        AND AL, 0FH
        XLAT
        MOV ASCL, AL               ;存放十六进制数低 4 位的 BCD 码
        NOP
        JMP AA1
CODE    ENDS
        END START
```

2.3.6 将 BCD 码转换为二进制数

1. 实验目的

（1）掌握不同进制数及编码相互转换的程序设计方法，加深对数制转换的理解。

（2）进一步掌握程序调试的方法。

2. 实验设备

（1）微型计算机 1 台。

（2）TD-PITE 微机接口实验系统 1 套。

3. 实验内容

将四个二位十进制数的 BCD 码存放于 3500H 起始的内存单元中，将转换的二进制数存入 3510H 起始的内存单元中，自行绘制流程图并编写程序。

4. 实验步骤

（1）编写程序，经编译、链接无误后装入系统。

（2）将四个二位十进制数的 BCD 码存入 3500H～3507H 中，即先输入 E3500，然后输入 01　02　03　04　05　06　07　08。

（3）先运行程序，等待程序运行停止。

（4）输入 D3510 显示转换结果，应为 0C　22　38　4E。

（5）反复输入几组数据，验证程序功能。

5. 参考程序

```
;=====================================================
; 功能描述：BCD 码转换为二进制数
;=====================================================
SSTACK    SEGMENT STACK
          DW 64 DUP(?)
SSTACK    ENDS

CODE      SEGMENT
          ASSUME CS:CODE

START:    XOR AX, AX
          MOV CX, 0004H
          MOV SI, 3500H
          MOV DI, 3510H
A1:       MOV AL, [SI]
          ADD AL, AL
          MOV BL, AL
          ADD AL, AL
          ADD AL, AL
```

```
            ADD AL, BL
            INC SI
            ADD AL, [SI]
            MOV [DI], AL
            INC SI
            INC DI
            LOOP A1
            MOV AX,4C00H
            INT 21H                          ;程序终止
    CODE    ENDS
            END START
```

2.4 数值运算类程序设计

80x86 指令系统提供了实现加、减、乘、除运算的基本指令，可对表 2-2 所列的数据类型进行算术运算。

表 2-2 数据类型算术运算表

数制	二进制		BCD 码	
	带符号	无符号	组合	非组合
运算符	+、−、×、÷		+、−	+、−、×、÷
操作数	字节、字、多精度		字节（二位数字）	字节（一位数字）

2.4.1 二进制双精度加法运算

1. 实验目的

（1）学习并掌握使用运算类指令编程及调试方法。
（2）掌握运算类指令对各状态标志位的影响及其测试方法。
（3）学习使用软件监视变量的方法。

2. 实验设备

（1）微型计算机 1 台。
（2）TD-PITE 微机接口实验系统 1 套。

3. 实验内容

计算 *X*+*Y*=*Z*，将结果 *Z* 存入某存储单元。实验程序参考例程。

本实验是双精度（2 个 16 位，即 32 位）加法运算，编程时可利用累加器 AX，先求低

16 位的和，并将运算结果存入低地址存储单元，然后求高 16 位的和，将结果存入高地址存储单元中。由于低 16 运算后可能向高位产生进位，因此高 16 位运算时使用 ADC 指令，这样在低 16 位相加运算有进位时，高位相加会加上 CF 中的 1。

4．实验步骤

（1）编写程序，经编译、链接无误后装入系统。

（2）程序装载完成后，单击“变量区”标签将观察窗切换到变量监视标签页。

（3）单击按钮，将变量 XH、XL、YH、YL、ZH、ZL 添加到变量监视窗口中，然后修改 XH、XL、YH、YL 的值，如图 2-4 所示，修改 XH 为 0015，XL 为 65A0，YH 为 0021，YL 为 B79E。

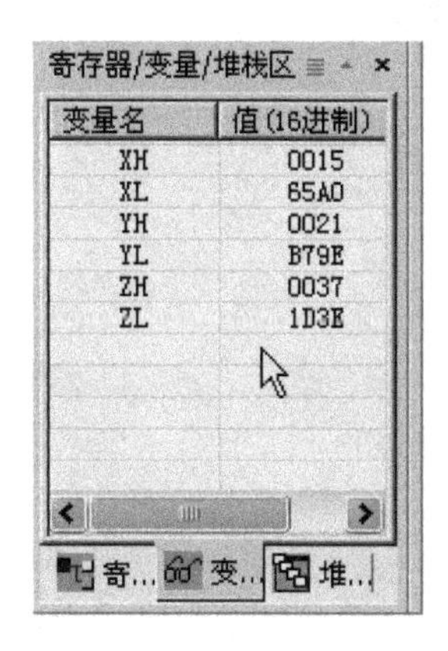

图 2-4　变量监视标签页

（4）在 JMP START 语句行设置断点，然后运行程序。

（5）当程序遇到断点后停止运行，查看变量监视标签页，计算结果 ZH 为 0037，ZL 为 1D3E。

（6）修改 XH、XL、YH 和 YL 的值，再次运行程序，观察实验结果，反复测试几组数据，验证程序的功能。

5．参考程序

```
;=================================================
; 功能描述：二进制双精度加法运算
;=================================================
SSTACK    SEGMENT STACK
          DW 64 DUP(?)
SSTACK    ENDS

PUBLIC    XH, XL, YH, YL
PUBLIC    ZH, ZL
```

```
DATA    SEGMENT
XL      DW ?                          ;X 低位
XH      DW ?                          ;X 高位
YL      DW ?                          ;Y 低位
YH      DW ?                          ;Y 高位
ZL      DW ?                          ;Z 低位
ZH      DW ?                          ;Z 高位
DATA    ENDS

CODE    SEGMENT
        ASSUME CS:CODE, DS:DATA

START:  MOV AX, DATA
        MOV DS, AX
        MOV AX, XL
        ADD AX, YL                    ;X 低位加 Y 低位
        MOV ZL, AX                    ;低位和存到 Z 的低位
        MOV AX, XH
        ADC AX, YH                    ;高位带进位加
        MOV ZH, AX                    ;存高位结果
        JMP START
CODE    ENDS
        END START
```

2.4.2 十进制的 BCD 码减法运算

1. 实验目的

（1）掌握使用运算类指令编程及调试方法。
（2）掌握运算类指令对各状态标志位的影响及其测试方法。
（3）学习使用软件监视变量的方法。

2. 实验设备

（1）微型计算机 1 台。
（2）TD-PITE 微机接口实验系统 1 套。

3. 实验内容

计算 $X-Y=Z$，其中 X、Y、Z 为 BCD 码。

4．实验步骤

（1）输入程序，编译、链接无误后装入系统。

（2）单击 $6d^{\prime}$ 按钮将变量 *X*、*Y*、*Z* 添加到变量监视窗中，并为 *X*、*Y* 赋值，假定存入 40 与 12 的 BCD 码，即 *X* 为 0400，*Y* 为 0102。

（3）在 JMP START 语句行设置断点，然后运行程序。

（4）程序遇到断点后停止运行，观察变量监视窗，*Z* 应为 0208。

（5）重新修改 *X* 与 *Y* 的值，运行程序，观察结果，反复测试几次，验证程序正确性。

5．参考程序

```
;==========================================================
; 功能描述：十进制的 BCD 码减法运算
;==========================================================
SSTACK    SEGMENT STACK
          DW 64 DUP(?)
SSTACK    ENDS

PUBLIC    X, Y, Z
DATA      SEGMENT
X         DW ?
Y         DW ?
Z         DW ?
DATA      ENDS

CODE      SEGMENT
          ASSUME CS:CODE, DS:DATA

START:    MOV AX, DATA
          MOV DS, AX
          MOV AH, 00H
          SAHF
          MOV CX, 0002H
          MOV SI, OFFSET X
          MOV DI, OFFSET Z
A1:       MOV AL, [SI]
          SBB AL, [SI+02H]
          DAS
          PUSHF
```

```
            AND AL, 0FH
            POPF
            MOV [DI], AL
            INC DI
            INC SI
            LOOP A1
            JMP START
CODE        ENDS
            END START
```

2.4.3 十进制乘法运算

1．实验目的

（1）掌握使用运算类指令编程及调试方法。

（2）掌握运算类指令对各状态标志位的影响及其测试方法。

（3）学习使用软件监视变量的方法。

2．实验设备

（1）微型计算机 1 台。

（2）TD-PITE 微机接口实验系统 1 套。

3．实验内容

实现十进制数的乘法运算，被乘数与乘数均以 BCD 码的形式存放在内存中，乘数为 1 位，被乘数为 5 位，结果为 6 位。实验程序参考例程。

4．实验步骤

（1）编写程序，编译、链接无误后装入系统。

（2）查看寄存器窗口获得 CS 的值，使用 U 命令可得到数据段段地址 DS，然后通过 E 命令为被乘数及乘数赋值，如被乘数为 01 02 03 04 05，乘数为 01，方法同 2.4.1 节。

（3）运行程序，等待程序运行停止。

（4）通过 D 命令查看计算结果，应为 00　01　02　03　04　05；当在为被乘数和乘数赋值时，如果一个数的低 4 位大于 9，则查看计算结果将全部显示为 E。

（5）反复测试几组数据，验证程序的正确性。

5．参考程序

```
;====================================================
; 功能描述：十进制乘法运算
;====================================================
```

```
SSTACK  SEGMENT STACK
        DW 64 DUP(?)
SSTACK  ENDS

DATA    SEGMENT
DATA1   DB 5 DUP(?)                 ;被乘数
DATA2   DB ?                        ;乘数
RESULT      DB 6 DUP(?)             ;计算结果
DATA    ENDS

CODE    SEGMENT
        ASSUME CS:CODE,DS:DATA

START:  MOV AX,DATA
        MOV DS,AX
        CALL INIT                   ;初始化目标地址单元为0
        MOV SI,OFFSET DATA2
        MOV BL,[SI]
        AND BL,0FH                  ;得到乘数
        CMP BL,09H
        JNC ERROR
        MOV SI,OFFSET DATA1
        MOV DI,OFFSET RESULT
        MOV CX,0005H
A1:     MOV AL,[SI+04H]
        AND AL,0FH
        CMP AL,09H
        JNC ERROR
        DEC SI
        MUL BL
        AAM                         ;乘法调整指令
        ADD AL,[DI+05H]
        AAA
        MOV [DI+05H],AL
        DEC DI
        MOV [DI+05H],AH
        LOOP A1
A2:     MOV AX,4C00H
```

```
        INT 21H                       ;程序终止

;===将 RESULT 所指内存单元清零===
INIT:   MOV SI,OFFSET RESULT
        MOV CX,0003H
        MOV AX,0000H
A3:     MOV [SI],AX
        INC SI
        INC SI
        LOOP A3
        RET

;===错误处理===
ERROR:  MOV SI,OFFSET RESULT          ;若输入数据不符合要求
        MOV CX,0003H                  ;则 RESULT 所指向内存单元全部写入 E
        MOV AX,0EEEEH
A4:     MOV [SI],AX
        INC SI
        INC SI
        LOOP A4
        JMP A2
CODE    ENDS
        END START
```

2.5 分支与循环程序设计

2.5.1 分支程序设计

1. 实验目的

（1）掌握分支程序的结构。
（2）掌握分支程序的设计、调试方法。

2. 实验设备

（1）微型计算机 1 台。
（2）TD-PITE 微机接口实验系统 1 套。

3. 实验内容

设计一数据块间的搬移程序。

设计思想：程序要求把内存中一数据区（称为源数据块）传送到另一存储区（成为目的数据块）。源数据块和目的数据块在存储中可能有三种情况，如图 2-5 所示。

对于两个数据块分离的情况，如图 2-5（a）所示，数据的传送从数据块的首地址开始，或从数据块的末地址开始均可。但是对于有重叠的情况，则要加以分析，否则重叠部分会因“搬移”而遭到破坏，可有如下结论：

当源数据块首地址＜目的块首地址时，从数据块末地址开始传送数据，如图 2-5（b）所示。

当源数据块首地址＞目的块首地址时，从数据块首地址开始传送数据，如图 2-5（c）所示。

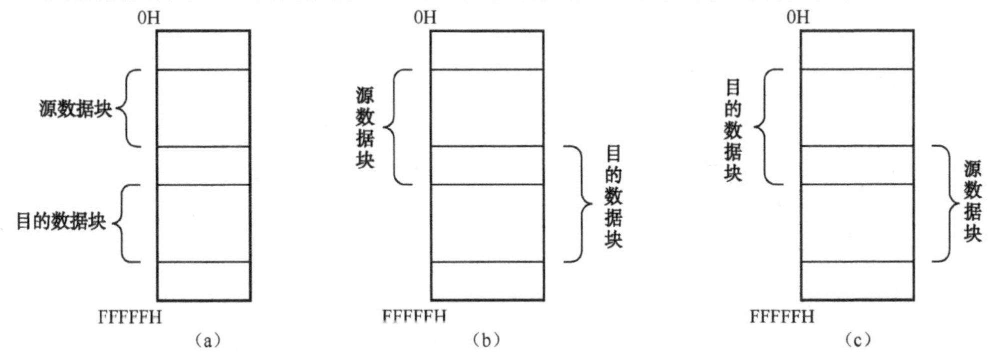

图 2-5　源数据块与目的数据块在存储中的位置情况

实验程序流程图如图 2-6 所示。

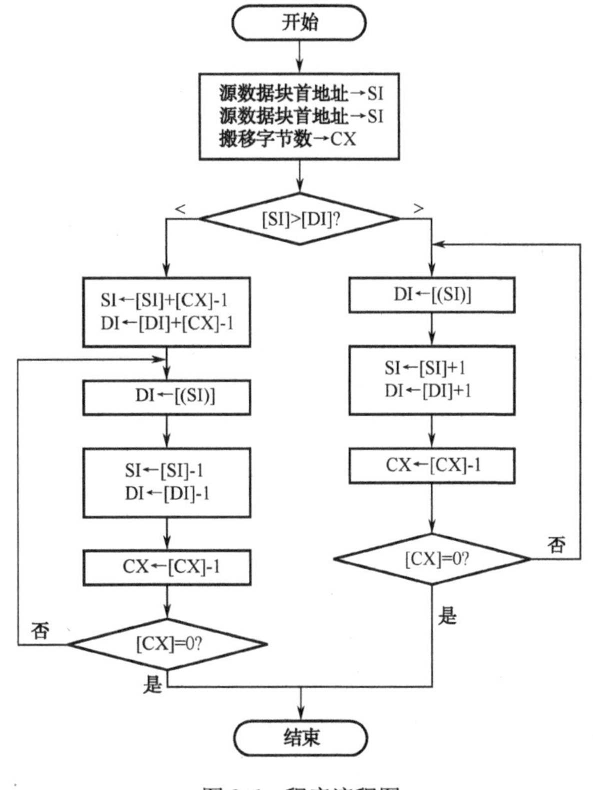

图 2-6　程序流程图

4. 实验步骤

（1）按流程图编写实验程序，经编译、链接无误后装入系统。

（2）用 E 命令在以 SI 为起始地址的单元中填入 16 个数。

（3）运行程序，等待程序运行停止。

（4）通过 D 命令查看 DI 为起始地址的单元中的数据是否与 SI 单元中数据相同。

（5）通过改变 SI、DI 的值，观察在三种不同的数据块情况下程序的运行情况，并验证程序的功能。

5. 参考程序

```
;==================================================
; 实验程序：分支程序设计
;==================================================
SSTACK    SEGMENT STACK
          DW 64 DUP(?)
SSTACK    ENDS

CODE      SEGMENT
          ASSUME CS:CODE

START:    MOV CX, 0010H
          MOV SI, 3100H
          MOV DI, 3200H
          CMP SI, DI
          JA A2
          ADD SI, CX
          ADD DI, CX
          DEC SI
          DEC DI
A1:       MOV AL, [SI]
          MOV [DI], AL
          DEC SI
          DEC DI
          DEC CX
          JNE A1
          JMP A3
A2:       MOV AL, [SI]
```

```
            MOV [DI], AL
            INC SI
            INC DI
            DEC CX
            JNE A2
A3:         MOV AX,4C00H
            INT 21H                     ;程序终止
CODE        ENDS
            END START
```

2.5.2 循环程序设计

1. 实验目的

（1）加深对循环结构的理解。

（2）掌握循环结构程序设计的方法以及调试方法。

2. 实验设备

（1）微型计算机 1 台。

（2）TD-PITE 微机接口实验系统 1 套。

3. 实验内容与步骤

（1）计算 $S=1+2\times3+3\times4+4\times5+\cdots+N(N+1)$，直到 $N(N+1)$项大于 200 为止。编写实验程序，计算上式的结果，参考流程图如图 2-7 所示。

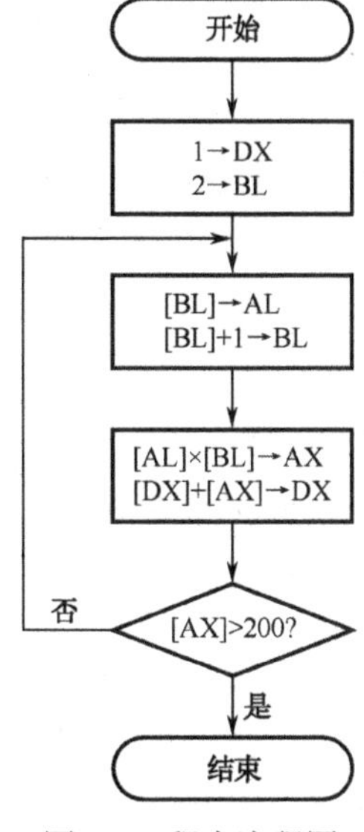

图 2-7 程序流程图

实验步骤：

① 编写实验程序，编译、链接无误后装入系统。

② 运行程序，等待程序运行停止。

③ 运算结果存储在寄存器 DX 中，查看结果是否正确。

④ 可以改变 $N(N+1)$的条件来验证程序功能是否正确，但要注意，结果若大于 0FFFFH 将产生数据溢出。

```
;=====================================================
; 功能描述：计算 S=1+2×3+3×4+4×5+…+N(N+1)，直到 N(N+1)项大于 200 为止。
;=====================================================
SSTACK   SEGMENT STACK
         DW 64 DUP(?)
SSTACK   ENDS

CODE     SEGMENT
         ASSUME CS:CODE

START:   MOV DX,0001H
         MOV BL,02H
A1:      MOV AL,BL
         INC BL
         MUL BL
         ADD DX,AX                        ;结果存于 DX 中
         CMP AX,00C8H                     ;判断 N(N+1)与 200 的大小
         JNA A1
         MOV AX,4C00H
         INT 21H                          ;程序终止
CODE     ENDS
         END START
```

（2）求某数据区内负数的个数

设数据区的第一单元存放区内单元数据的个数，从第二单元开始存放数据，在区内最后一个单元存放结果。为统计数据区内负数的个数，需要逐个判断区内的每一个数据，然后将所有数据中凡是符号位为 1 的数据的个数累加起来，即得到区内所包含负数的个数。

实验程序流程图如图 2-8 所示。

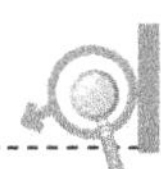

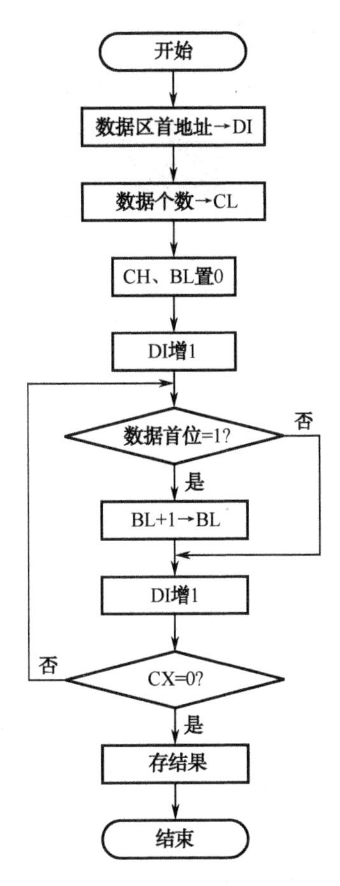

图 2-8 程序流程图

实验步骤：

① 按实验流程编写实验程序。

② 编译、链接无误后装入系统。

③ 输入 E3000，输入数据如下：

3000=06 （数据个数）

3001=12

3002=88

3003=82

3004=90

3005=22

3006=33

④ 先运行程序，等待程序运行停止。

⑤ 查看 3007 内存单元或寄存器 BL 中的内容，结果应为 03。

⑥ 可以进行反复测试来验证程序的正确性。

```
;==================================================================
; 功能描述：求某数据区内负数的个数
;==================================================================
SSTACK   SEGMENT STACK
         DW 64 DUP(?)
SSTACK   ENDS

CODE     SEGMENT
         ASSUME CS:CODE

START:   MOV DI, 3000H                  ;数据区首地址
         MOV CL, [DI]                   ;取数据个数
         XOR CH, CH
         MOV BL, CH
         INC DI                         ;指向第一个数据
A1:      MOV AL, [DI]
         TEST AL, 80H                   ;检查数据首位是否为 1
         JE A2
         INC BL                         ;负数个数加 1
A2:      INC DI
         LOOP A1
         MOV [DI], BL                   ;保存结果
         MOV AX,4C00H
         INT 21H                        ;程序终止
CODE     ENDS
         END START
```

2.6 子程序设计

2.6.1 求无符号字节序列中的最大值和最小值

1．实验目的

（1）学习子程序的定义和调用方法。

（2）掌握子程序、子程序的嵌套、递归子程序的结构。

（3）掌握子程序的程序设计及调试方法。

2. 实验设备

（1）微型计算机 1 台。

（2）TD-PITE 微机接口实验系统 1 套。

3. 实验内容

求无符号字节序列中的最大值和最小值。设有一字节序列，其存储首地址为 3000H，字节数为 08H。利用子程序的方法编程求出该序列中的最大值和最小值。程序流程图如图 2-9 所示。

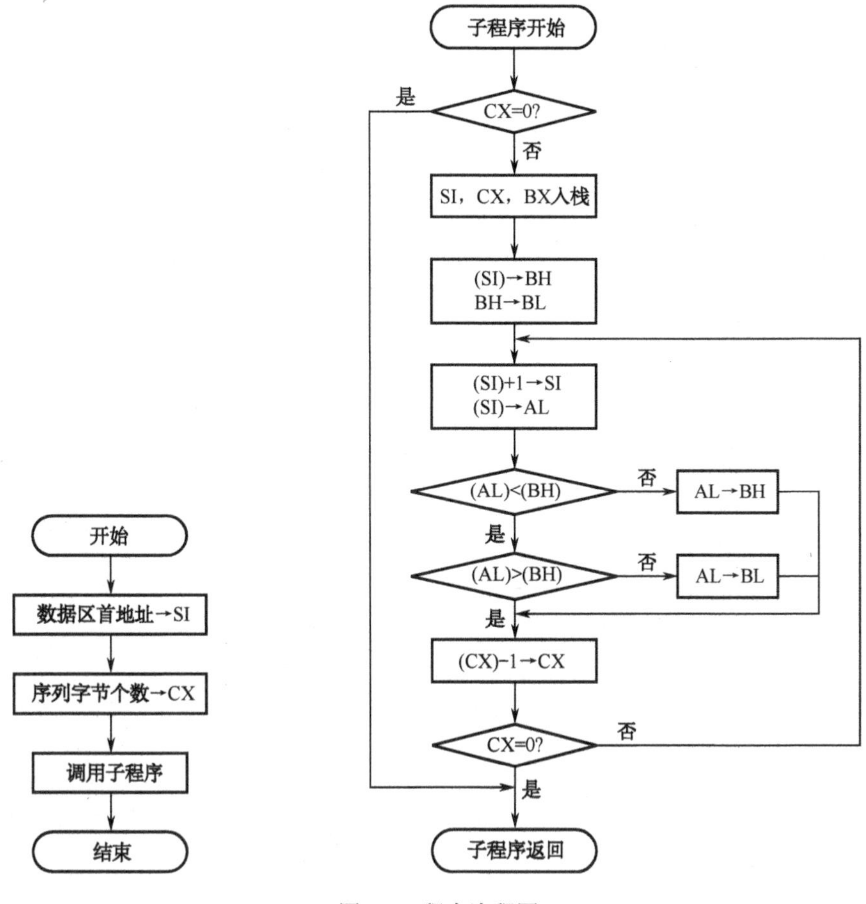

图 2-9 程序流程图

4. 实验步骤

（1）根据程序流程图编写实验程序。

（2）经编译、链接无误后装入系统。

（3）输入 E3000 命令，输入 8 个字节的数据，如 D9 07 8B C5 EB 04 9D F9。

（4）运行实验程序。

（5）单击“停止”按钮，停止程序运行，观察寄存器窗口中 AX 的值，AX 应为 F9 04，其中 AH 中为最大值，AL 中为最小值。

（6）反复测试几组数据，检验程序的正确性。

程序说明：该程序使用 BH 和 BL 暂存现行的最大值和最小值，开始时初始化成首字节的内容，然后进入循环操作，从字节序列中逐个取出一个字节的内容与 BH 和 BL 相比较，若取出的字节内容比 BH 的内容大或比 BL 的内容小，则修改之。当循环操作结束时，将 BH 送 AH，将 BL 送 AL，作为返回值，同时恢复 BX 原先的内容。

5．参考程序

```
;=====================================================
; 功能描述：求最大值和最小值
;=====================================================
SSTACK    SEGMENT STACK
          DW 64 DUP(?)
SSTACK    ENDS

CODE      SEGMENT
          ASSUME CS:CODE

START:    MOV AX, 0000H
          MOV DS, AX
          MOV SI, 3000H                     ; 数据区首址
          MOV CX, 0008H
          CALL BRANCH                       ; 调用子程序
HERE:     JMP HERE
;=====================================================
; 子程序，出口参数在 AX 中
;=====================================================
BRANCH    PROC NEAR
          JCXZ A4
          PUSH SI
          PUSH CX
          PUSH BX
          MOV BH, [SI]
          MOV BL, BH
          CLD
A1:       LODSB
```

```
            CMP AL, BH
            JBE A2
            MOV BH, AL
            JMP A3
A2:         CMP AL, BL
            JAE A3
            MOV BL, AL
A3:         LOOP A1
            MOV AX, BX
            POP BX
            POP CX
            POP SI
A4:         RET
BRANCH      ENDP
CODE        ENDS
            END START
```

2.6.2 排序程序设计

1. 实验目的

（1）掌握用汇编语言编写排序程序的思路和方法。

（2）利用分支、循环、子程序调用等基本的程序结构，实现排序程序设计。

（3）学习综合程序的设计、编制及调试方法。

2. 实验设备

（1）微型计算机1台。

（2）TD-PITE微机接口实验系统1套。

3. 实验内容

在数据区中存放着一组数，数据的个数就是数据缓冲区的长度，要求采用气泡法对该数据区中的数据按递增关系排序。

设计思想：

（1）从最后一个数（或第一个数）开始，依次把相邻的两个数进行比较，即第*N*个数与第*N*−1个数比较，第*N*−1个数与第*N*−2个数比较等等；若第*N*−1个数大于第*N*个数，则两者交换，否则不交换，直到*N*个数的相邻两个数都比较完为止。此时，*N*个数中的最小数将被排在*N*个数的最前列。

（2）对剩下的*N*−1个数重复（1）这一步，找到*N*−1个数中的最小数。

（3）再重复（2），直到 N 个数全部排列好为止。

4．实验步骤

（1）分析参考程序，绘制流程图并编写实验程序。
（2）编译、链接无误后装入系统。
（3）输入 E3000 命令，修改 3000H～3009H 单元中的数，任意存入 10 个无符号数。
（4）先运行程序，等待程序运行停止。
（5）通过输入 D3000 命令查看程序运行的结果。
（6）可以反复测试几组数据，观察结果，验证程序的正确性。

5．参考程序

```
;===========================================================
; 功能描述：气泡法排序
;===========================================================
SSTACK  SEGMENT STACK
        DW 64 DUP(?)
SSTACK  ENDS

CODE    SEGMENT
        ASSUME CS:CODE

START:  MOV CX, 000AH
        MOV SI, 300AH
        MOV BL, 0FFH
A1:     CMP BL, 0FFH
        JNZ A4
        MOV BL, 00H
        DEC CX
        JZ A4
        PUSH SI
        PUSH CX
A2:     DEC SI
        MOV AL, [SI]
        DEC SI
        CMP AL, [SI]
        JA A3
        XCHG AL, [SI]
```

```
        MOV [SI+01H], AL
        MOV BL, 0FFH
A3:     INC SI
        LOOP A2
        POP CX
        POP SI
        JMP A1
A4:     MOV AX,4C00H
        INT 21H                         ;程序终止
CODE    ENDS
        END START
```

2.6.3 学生成绩名次表

1. 实验目的

（1）进一步学习分支、循环、子程序调用等基本的程序结构。
（2）掌握综合程序的设计、编制及调试方法。

2. 实验设备

（1）微型计算机1台。
（2）TD-PITE微机接口实验系统1套。

3. 实验内容

将分数在1～100之间的10个成绩存入首地址为3000H的单元中，3000H+I表示学号为I的学生成绩。编写程序，将排出的名次表放在3100H开始的数据区，3100H+I中存放的为学号为I的学生名次。

4. 实验步骤

（1）绘制流程图，并编写实验程序。
（2）编译、链接无误后装入系统。
（3）将10个成绩存入首地址为3000H的内存单元中。
（4）调试并运行程序。
（5）检查3100H起始的内存单元中的名次表是否正确。

5. 参考程序

```
;==================================================
; 功能描述：实现学生成绩名次表
```

```
;=======================================================
SSTACK    SEGMENT STACK
          DW 64 DUP(?)
SSTACK       ENDS

CODE      SEGMENT
          ASSUME CS:CODE

START:    MOV AX,0000H
          MOV DS,AX
          MOV ES,AX
          MOV SI,3000H                        ;存放学生成绩
          MOV CX,000AH                        ;共 10 个成绩
          MOV DI,3100H                        ;名次表首地址
A1:       CALL BRANCH                         ;调用子程序
          MOV AL,0AH
          SUB AL,CL
          INC AL
          MOV BX,DX
          MOV [BX+DI],AL
          LOOP A1
          MOV AX,4C00H
          INT 21H                             ;程序终止

;===扫描成绩表，得到最高成绩者的学号===
BRANCH:   PUSH CX
          MOV CX,000AH
          MOV AL,00H
          MOV BX,3000H
          MOV SI,BX
A2:       CMP AL,[SI]
          JAE A3
          MOV AL,[SI]
          MOV DX,SI
          SUB DX,BX
A3:       INC SI
          LOOP A2
          ADD BX,DX
```

```
        MOV AL,00H
        MOV [BX],AL
        POP CX
        RET
CODE    ENDS
        END START
```

2.6.4 计算 *N*!值

1．实验目的

（1）学习子程序的定义和调用方法。
（2）掌握子程序、子程序的嵌套、递归子程序的结构。
（3）掌握子程序的程序设计及调试方法。

2．实验设备

（1）微型计算机 1 台。
（2）TD-PITE 微机接口实验系统 1 套。

3．实验内容

编写程序，利用子程序的嵌套和子程序的递归调用，实现 *N*!的运算。
根据阶乘运算法则，可以得

$0!=1$

$1!=1\times0!=1$

⋮

$N!=N(N-1)!=N(N-1)(N-2)!=\cdots\cdots$

由此可以想到，欲求 *N* 的阶乘，可以用一递归子程序来实现，每次递归调用时应将调用参数减 1，即求（*N*−1）的阶乘，并且当调用参数为 0 时应停止递归调用，且有 0！=1，最后将每次调用的参数相乘得到最后结果。因每次递归调用时参数都送入堆栈，当 *N* 为 0 而程序开始返回时，应按嵌套的方式逐层取出相应的调用参数。

定义两个变量 *N* 及 RESULT，RESULT 中存放 *N*！的计算结果，*N* 在 00H～08H 之间取值。

4．实验步骤

（1）依据设计思想绘制程序流程图，编写实验程序。
（2）经编译、链接无误后装入系统。
（3）参照表 2-3，将变量 *N* 及 RESULT 加入变量监视窗口，并修改 *N* 值，*N* 在 00～08H 之间取值。

（4）在 JMP START 语句行设置断点，然后运行程序。

（5）当程序遇到断点后停止运行，此时观察变量窗口中 RESULT 的值是否正确，验证程序的正确性。

（6）改变变量 *N* 的值，然后再次运行程序，当程序停止在断点行后观察实验结果。

表 2-3　阶乘表

N	0	1	2	3	4	5	6	7	8
RESULT	1	1	2	6	18H	78H	02D0H	13B0H	9D80H

5. 参考程序

```
;=====================================================
; 功能描述：计算 N!值
;=====================================================
SSTACK    SEGMENT STACK
          DW 64 DUP(?)
SSTACK    ENDS

PUBLIC    N, RESULT                       ;设置全局变量
DATA      SEGMENT
N         DB ?                            ;N 的范围在 1～8 之间
RESULT    DW ?                            ;N!的结果存于该变量中
DATA      ENDS

CODE      SEGMENT
          ASSUME CS:CODE, DS:DATA

START:    MOV AX, DATA
          MOV DS, AX
          MOV AX, OFFSET RESULT
          PUSH AX
          MOV AL, N
          MOV AH, 00H
          PUSH AX
          MOV DI, 0000H
          CALL branch
          JMP START                       ;在此处设置断点，观察变量
```

```
;===子程序===
branch:PUSH BP
        MOV BP,SP
        PUSH BX
        PUSH AX
        MOV BX,[BP+DI+06H]
        MOV AX,[BP+DI+04H]
        CMP AX,0000H
        JZ A1
        PUSH BX
        DEC AX
        PUSH AX
        CALL branch                          ;递归调用
        MOV BX,[BP+DI+06H]
        MOV AX,[BX]
        PUSH BX
        MOV BX,[BP+DI+04H]
        MUL BX
        POP BX
        JMP A2
A1:     MOV AX, 0001H
A2:     MOV RESULT, AX
        POP AX
        POP BX
        POP BP
        RET 0004H
CODE ENDS
        END START
```

第 3 章　硬件基础实验

硬件基础实验要求掌握常用的可编程接口芯片（8259、8237、8254、8255、8251）、A/D 转换器 ADC0809 和 D/A 转换器 DAC0832 的工作方式、初始化编程，以及实验电路的连接，主要让学生对硬件实验项目有一个感性的认识，了解各接口芯片的使用方法。

3.1　存储器扩展实验

1．实验目的

（1）熟悉 62256 静态 RAM 的扩展方法和存储器的读/写。

（2）掌握 CPU 对 16 位存储器的访问方法。

2．实验设备

（1）微型计算机 1 台。

（2）TD-PITE 微机接口实验系统 1 套。

3．预习要求

（1）阅读本实验教程及相关教材。

（2）复习 62256 静态存储器的使用方法。

（3）预习实验提示及相关知识点。

（4）按实验题目要求在实验前编写好相应的源程序。

4．实验内容和要求

按照规则字写存储器，编写实验程序，将 0000H～000FH 共 16 个数写入 SRAM 的从 0000H 起始的一段空间中，然后通过系统命令查看该存储空间，检测写入数据是否正确。

5．实验原理

存储器是用来存储信息的部件，是计算机的重要组成部分。静态 RAM 是由 MOS 管组成的触发器电路，每个触发器可以存放 1 位信息，只要不掉电，所储存的信息就不会丢失。因此，静态 RAM 工作稳定，不要外加刷新电路，使用方便。但一般 SRAM 的每一个触发器是由 6 个晶体管组成，SRAM 芯片的集成度不会太高，目前较常用的 SRAM 有 6116（2K×8 位），6264（8K×8 位）和 62256（32K×8 位）。本实验平台上选用的是 62256，两片组成 32K×16 位的形式，共 64K 字节。62256 的外部引脚图如图 3-1 所示。

本系统采用准 32 位 CPU，具有 16 位外部数据总线，即 D0、D1、…、D15，地址总线为 BHE#（#表示该信号低电平有效）、BLE#、A1、A2、…、A20。存储器分为奇地址存储

体和偶地址存储体，分别由字节允许线 BHE#和 BLE#选通。

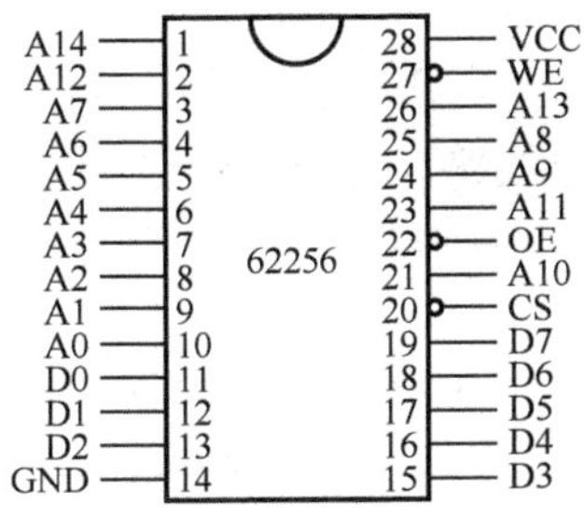

图 3-1 62256 引脚图

存储器中，从偶地址开始存放的字称为规则字，从奇地址开始存放的字称为非规则字。处理器访问规则字只需要 1 个时钟周期，BHE#和 BLE#同时有效，从而同时选通存储器奇地址存储体和偶地址存储体。处理器访问非规则字却需要两个时钟周期，第一个时钟周期 BHE#有效，访问奇字节；第二个时钟周期 BLE#有效，访问偶字节。处理器访问字节只需要 1 个时钟周期，视其存放单元为奇或偶，而 BHE#或 BLE#有效，从而选通奇地址存储体或偶地址存储体。写规则字和写非规则字的简单时序图如图 3-2 所示。

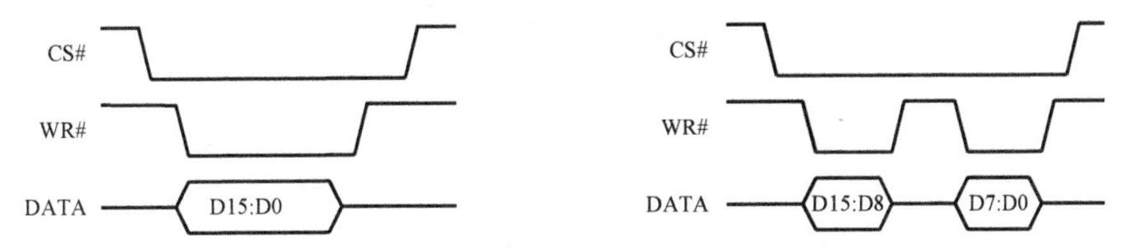

图 3-2 写规则字（左）和写非规则字（右）的简单时序图

SRAM 实验单元电路如图 3-3 所示。

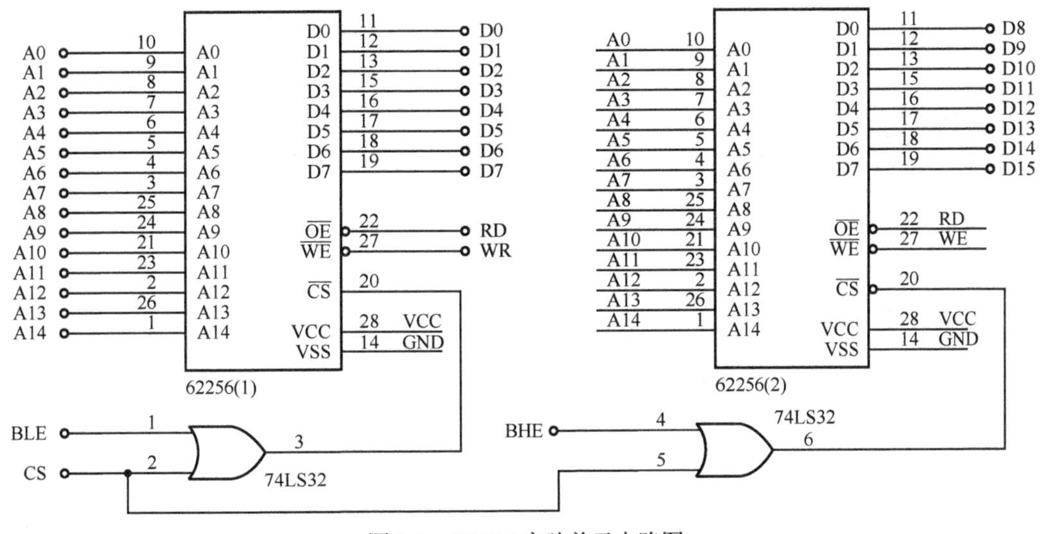

图 3-3 SRAM 实验单元电路图

6. 实验步骤

（1）确认从 PC 引出的串口通信电缆已经连接在实验台上。

（2）参考图 3-4 所示连接实验线路，打开实验台电源。

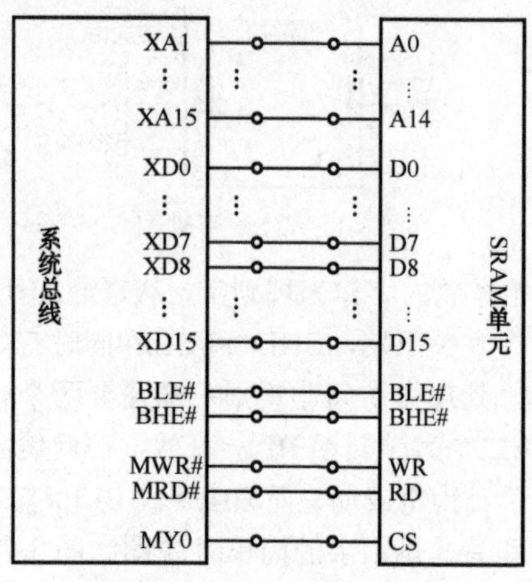

图 3-4　SRAM 实验接线图

（3）打开 Wmd86 软件，编写实验程序，经编译、链接无误后装入系统。

（4）先运行程序，等待程序运行停止。

（5）通过 D 命令查看写入存储器中的数据：

```
D8000:0000
```

回车，即可看到存储器中的数据，应为 0000、0001、0002、…、000F 共 16 个字。

（6）改变实验程序，按非规则字写存储器，观察实验结果。

给 SI 寄存器赋奇地址数：

```
MOV SI,0001H
```

即非规则字写存储器。

（7）改变实验程序，按字节方式写存储器，观察实验现象。

7. 实验提示

在实模式下，4 个 16 位段寄存器分别为代码段寄存器 CS、堆栈段寄存器 SS、数据段寄存器 DS 和附加段寄存器 ES，内存单元的逻辑地址仍然是“段值:偏移”形式。因此，本实验将 16 个数写入从 8000:0000H 开始的连续地址单元。

3.2 8259 中断实验

1. 实验目的

（1）掌握微机中断处理系统的基本原理。

（2）掌握 8259 中断控制器的工作原理，学会编写中断服务程序。

（3）掌握 8259 级联方式的使用方法。

2. 实验设备

（1）微型计算机 1 台。

（2）TD-PITE 微机接口实验系统 1 套。

3. 预习要求

（1）阅读本实验教程及相关教材。

（2）复习有关中断的内容，了解微机的中断处理过程，熟悉 8259 的工作方式及编程方法。

（3）预习实验提示及相关知识点。

（4）按实验题目要求在实验前编写好相应的源程序。

4. 实验内容和要求

（1）利用系统总线上中断请求信号 MIR7，设计一个单一中断请求实验。

（2）利用系统总线上中断请求信号 MIR6 和 MIR7，设计一个双中断优先级应用实验，观察 8259 对中断优先级的控制。

（3）利用系统总线上中断请求信号 MIR7 和 SIR1，设计一个级联中断应用实验。

5. 实验原理

在 Intel 386EX 芯片中集成有中断控制单元（ICU），该单元包含有两个级联中断控制器，一个为主控制器，一个为从控制器。该中断控制单元就功能而言与工业上标准的 82C59A 是一致的，操作方法也相同。从片的 INT 连接到主片的 IR2 信号上构成两片 8259 的级联。

在 TD-PITE 微机实验系统中，将主控制器的 IR6、IR7 以及从控制器的 IR1 开放出来供实验使用，主片 8259 的 IR4 供系统串口使用。8259 的内部连接及外部管脚引出如图 3-5 所示。

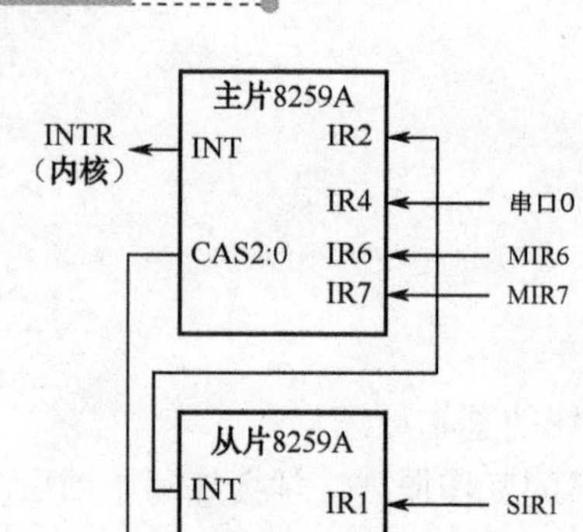

图 3-5　8259 内部连接及外部引脚引出图

表 3-1 列出了中断控制单元的寄存器相关信息。

表 3-1　中断控制单元寄存器列表

寄 存 器	口 地 址	功 能 描 述
ICW1（主） ICW1（从） （只写）	0020H 00A0H	初始化命令字 1： 决定中断请求信号为电平触发还是边沿触发
ICW2（主） ICW2（从） （只写）	0021H 00A1H	初始化命令字 2： 包含了 8259 的基址中断向量号，基址中断向量是 IR0 的向量号，基址加 1 就是 IR1 的向量号，依此类推
ICW3（主） （只写）	0021H	初始化命令字 3： 用于识别从 8259 设备连接到主控制器的 IR 信号，内部的从 8259 连接到主 8259 的 IR2 信号上
ICW3（从） （只写）	00A1H	初始化命令字 3： 表明内部从控制器级联到主片的 IR2 信号上
ICW4（主） ICW4（从） （只写）	0021H 00A1H	初始化命令字 4： 选择特殊全嵌套或全嵌套模式，使能中断自动结束方式
OCW1（主） OCW1（从） （读/写）	0021H 00A1H	操作命令字 1： 中断屏蔽操作寄存器，可屏蔽相应的中断信号
OCW2（主） OCW2（从） （只写）	0020H 00A0H	操作命令字 2： 改变中断优先级和发送中断结束命令
OCW3（主） OCW3（从） （只写）	0020H 00A0H	操作命令字 3： 使能特殊屏蔽方式，设置中断查询方式，允许读出中断请求寄存器和当前中断服务寄存器

续表

寄存器	口地址	功能描述
IRR（主） IRR（从） （只读）	0020H 00A0H	中断请求： 指出挂起的中断请求
ISR（主） ISR（从） （只读）	0020H 00A0H	当前中断服务： 指出当前正在被服务的中断请求
POLL（主） POLL（从） （只读）	0020H 0021H 00A0H 00A1H	查询状态字： 表明连接到 8259 上的设备是否需要服务，如果有中断请求，该字表明当前优先级最高的中断请求

初始化命令字 1 寄存器（ICW1）说明如图 3-6 所示。

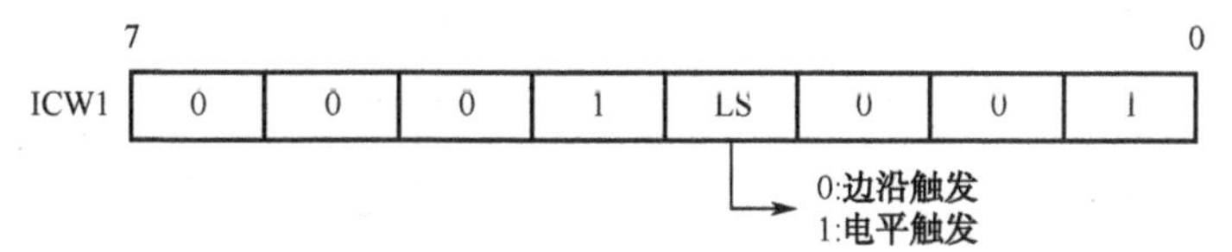

图 3-6　初始化命令字 1 寄存器

初始化命令字 2 寄存器（ICW2）说明如图 3-7 所示。

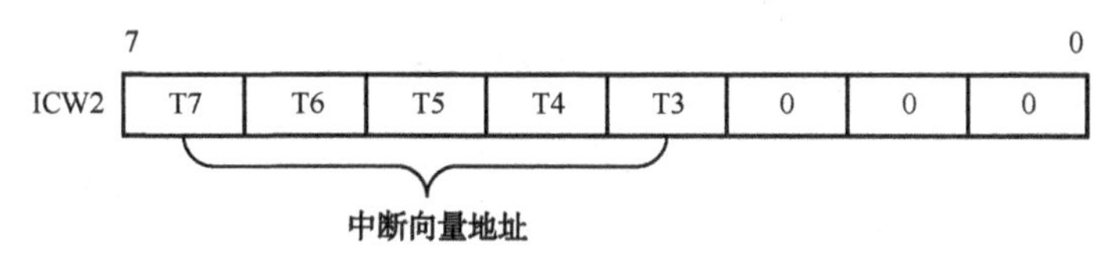

图 3-7　初始化命令字 2 寄存器

初始化命令字 3 寄存器（ICW3）说明，主片如图 3-8 所示，从片如图 3-9 所示。

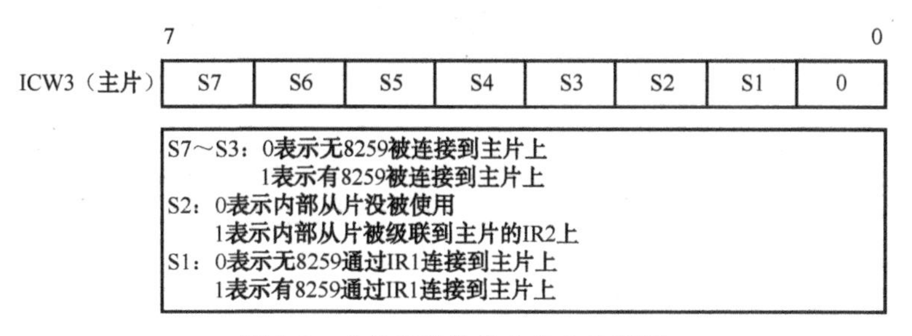

图 3-8　主片初始化命令字 3 寄存器

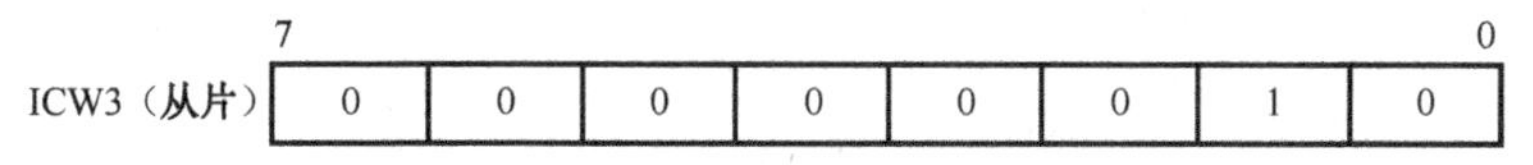

图 3-9　从片初始化命令字 3 寄存器

初始化命令字 4 寄存器（ICW4）说明如图 3-10 所示。

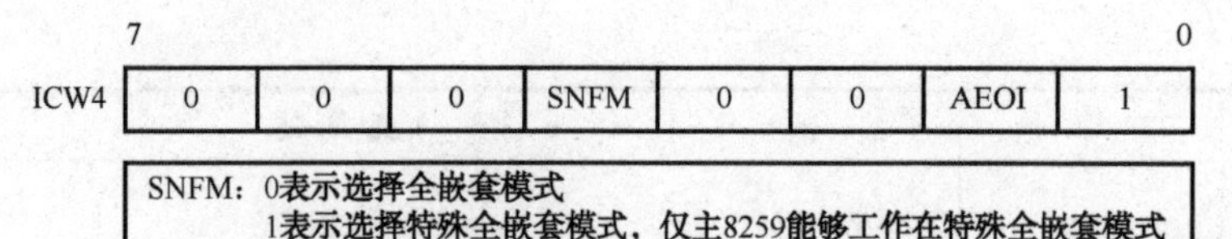

图 3-10　初始化命令字 4 寄存器

操作命令字 1 寄存器（OCW1）说明如图 3-11 所示。

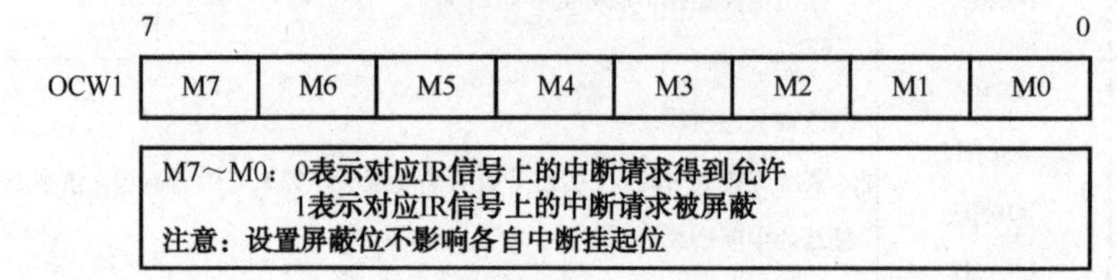

图 3-11　操作命令字 1 寄存器

操作命令字 2 寄存器（OCW2）说明如图 3-12 所示。

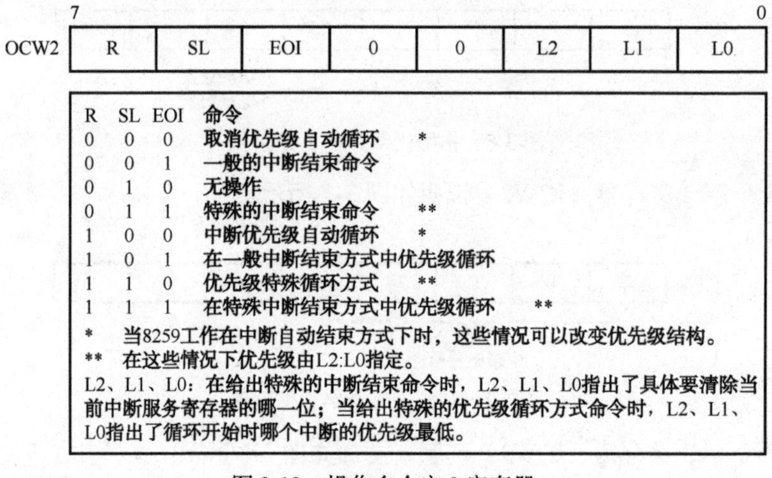

图 3-12　操作命令字 2 寄存器

操作命令字 3 寄存器（OCW3）说明如图 3-13 所示。

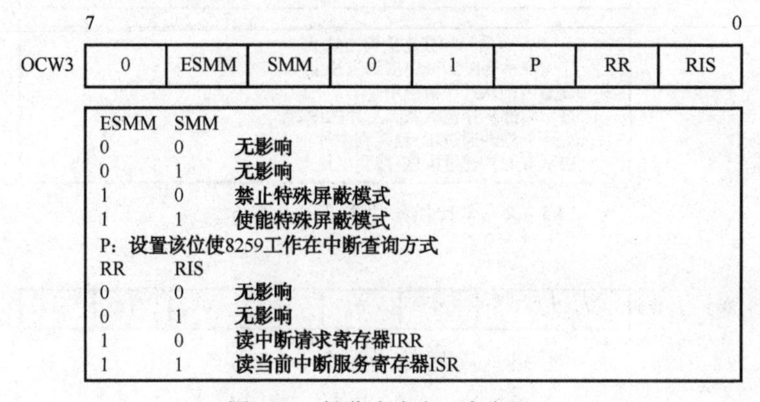

图 3-13　操作命令字 3 寄存器

查询状态字（POLL）说明如图 3-14 所示。

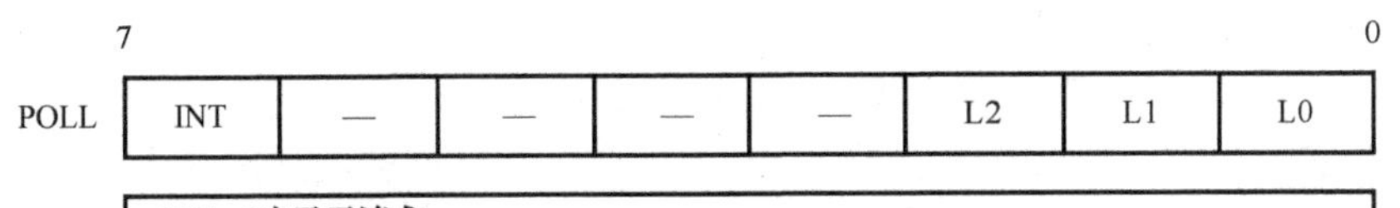

INT：0表示无请求
1表示连接在8259上的设备请求服务
L2、L1、L0：当INT为1时，这些位指出了需要服务的最高优先级的IR；当INT为0时这些位不确定。

图 3-14 程序状态字寄存器

在对 8259 进行编程时，首先必须进行初始化。一般先使用 CLI 指令将所有的可屏蔽中断禁止，然后写入初始化命令字。8259 有一个状态机控制对寄存器的访问，不正确的初始化顺序会造成异常初始化。在初始化主片 8259 时，写入初始化命令字的顺序是 ICW1、ICW2、ICW3，然后是 ICW4，初始化从片 8259 的顺序与初始化主片 8259 的顺序是相同的。

系统启动时，主片 8259 已被初始化，且 4 号中断源（IR4）提供给与 PC 联机的串口通信使用，其他中断源被屏蔽。中断矢量地址与中断号之间的关系见表 3-2。

表 3-2 中断矢量地址与中断号的关系对应表

主片中断序号	0	1	2	3	4	5	6	7
功能调用	08H	09H	0AH	0BH	0CH	0DH	0EH	0FH
矢量地址	20H～23H	24H～27H	28H～2BH	2CH～2FH	30H～33H	34H～37H	38H～3BH	3CH～3FH
说明	未开放	未开放	未开放	未开放	串口	未开放	可用	可用
从片中断序号	0	1	2	3	4	5	6	7
功能调用	30H	31H	32H	33H	34H	35H	36H	37H
矢量地址	C0H～C3H	C4H～C7H	C8H～CBH	CCH～CFH	D0H～D3H	D4H～D7H	D8H～DBH	DCH～DFH
说明	未开放	可用	未开放	未开放	未开放	未开放	未开放	未开放

6. 实验步骤

（1）8259 单中断实验

实验接线图如图 3-15 所示，单次脉冲输出与主片 8259 的 IR7 相连，每按动一次单次脉冲，产生一次外部中断，在显示屏上输出一个字符“7”。

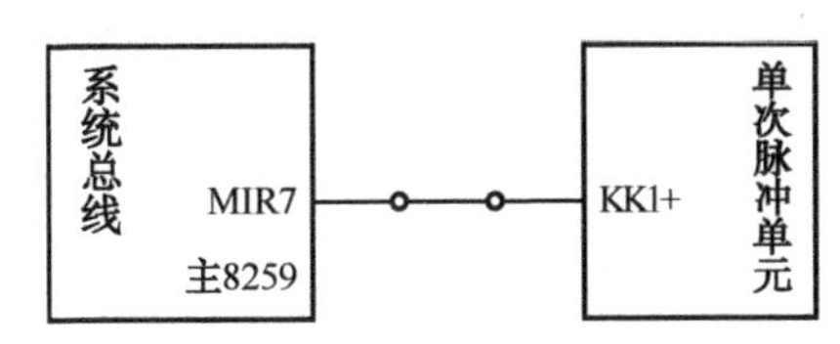

图 3-15 8259 单中断实验接线图

实验步骤如下：

① 确认从 PC 引出的串口通信电缆已经连接在实验台上。

② 按图 3-15 连接实验线路，打开实验台电源。

③ 打开 Wmd86 软件，编写实验程序，经编译、链接无误后装入系统。

④ 单击按钮，运行实验程序，重复按单次脉冲开关 KK1+，在界面的输出区会显示字符“7”，说明响应了中断。实验现象结果如图 3-16 所示。

⑤ 改变实验程序，每次按单脉冲开关 KK1+时，在界面的输出区显示当前中断次数，观察实验现象。

图 3-16　8259 单中断实验结果图

（2）8259 双中断优先级实验

实验接线图如图 3-17 所示，单脉冲按键 KK1+和 KK2+分别连接到主片 8259 的 IR7 和 IR6 上，当按一次 KK1+时，显示屏上显示字符“7”，按一次 KK2+时，显示字符“6”。实验步骤如下：

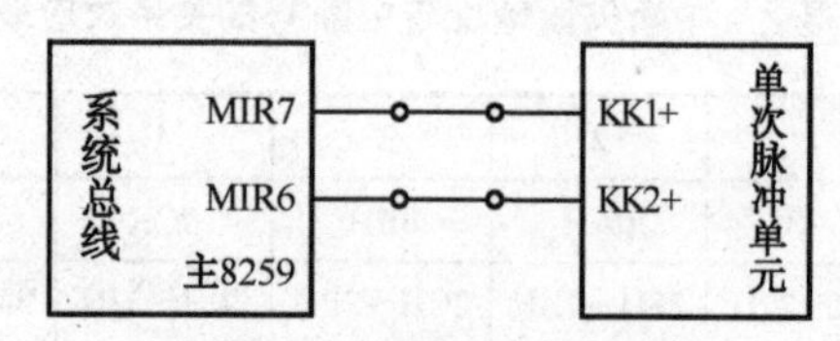

图 3-17　8259 单中断实验接线图

① 确认从 PC 引出的串口通信电缆已经连接在实验台上。

② 按图 3-17 连接实验线路，打开实验台电源。

③ 编写实验程序，经编译、链接无误后装入系统。

④ 单击按钮，运行实验程序，重复按单次脉冲开关 KK1+和 KK2+，在界面的输出区会显示字符“7”和“6”，说明响应了中断。

⑤ 尝试先按 KK1+，再快速按 KK2+，观察 MIR7 和 MIR6 两个中断请求的优先级，分析实验结果。实验结果现象如图 3-18 所示。

图 3-18　8259 双中断优先级实验结果图

（3）8259 级联中断实验

实验接线图如图 3-19 所示，KK1+连接到主片 8259 的 IR7 上，KK2+连接到从片 8259 的 IR1 上，当按一次 KK1+时，显示屏上显示字符“M7”，按一次 KK2+时，显示字符“S1”。

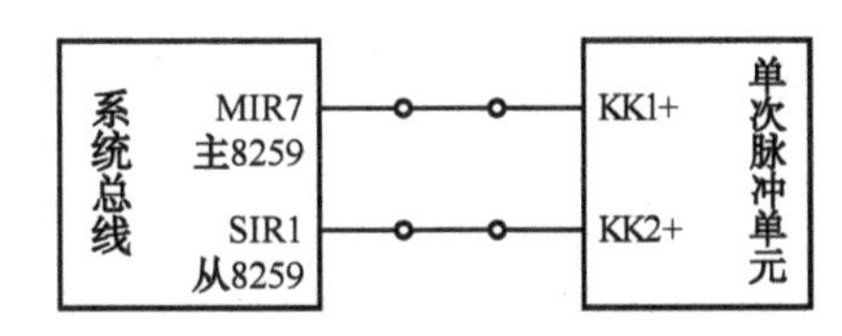

图 3-19　8259 级联中断实验接线图

实验步骤如下：

① 确认从 PC 引出的串口通信电缆已经连接在实验台上。

② 参考图 3-19 所示连接实验线路，打开实验台电源。

③ 输入程序，编译、链接无误后装入系统。

④ 单击按钮，运行实验程序，重复按单次脉冲开关 KK1+和 KK2+，在界面的输出区会显示字符“M7”和“S1”，说明响应了中断，验证实验程序的正确性。

⑤ 尝试先按单次脉冲开关 KK1+，再快速按单次脉冲开关 KK2+，观察 MIR7 和 SIR1 两个级联中断请求的优先级，分析实验结果。实验结果现象如图 3-20 所示。

图 3-20　8259 级联中断实验结果图

7. 实验提示

实验中，可通过表 3-2 找到相应中断源的中断矢量地址与中断号的关系对应表，并列写相关中断地址代码。例如，针对中断请求信号 MIR7 的中断地址操作，可通过如下代码实现。

```
MOV AX, OFFSET MIR7                 ;取中断入口地址
MOV SI, 003CH                       ;中断矢量地址
MOV [SI], AX                        ;填 IRQ7 的偏移矢量
MOV AX, CS                          ;段地址
MOV SI, 003EH
MOV [SI], AX                        ;填 IRQ7 的段地址矢量
```

3.3　DMA 传送实验

1. 实验目的

（1）掌握 8237DMA 控制器的工作原理。

（2）掌握微机工作环境下进行 DMA 方式数据传送方法（Block Mode 为块传送，Demand Mode 为外部请求传送）。

（3）掌握 8237 的应用编程。

2. 实验设备

（1）微型计算机 1 台。
（2）TD-PITE 微机接口实验系统 1 套。

3. 预习要求

（1）阅读本实验教程及相关教材。
（2）复习 DMA 传送的方法和 8237DMA 控制器的编程方法。
（3）预习实验提示及相关知识点。
（4）按实验题目要求在实验前根据程序流程图编写好相应的源程序。

4. 实验内容和要求

（1）将存储器 1000H 单元开始的连续 10 个字节的数据复制到地址 0000H 开始的 10 个单元中，实现 8237 的存储器到存储器传输。

（2）I/O 到存储器 DMA 传输实验。利用 8237、8255 和扩展存储器单元，设计一个 DMA 传输，将 8255 读并行接口的数据传输到扩展存储器中。

（3）存储器到 I/O DMA 传输实验。利用 8237、8255 和扩展存储器单元，设计一个 DMA 传输，将扩展存储器中的数据传输到 8255 写并行接口。

5. 实验原理

直接存储器访问（Direct Memory Access，DMA），是指外部设备不经过 CPU 的干涉，直接实现对存储器的访问。DMA 传送方式可用来实现存储器到存储器、I/O 接口到存储器、存储器到 I/O 接口之间的高速数据传送。

（1）8237 芯片介绍

8237 是一种高性能可编程 DMA 控制器，芯片有 4 个独立的 DMA 通道，可用来实现存储器到存储器、存储器到 I/O 接口、I/O 接口到存储器之间的高速数据传送。8237 的各通道均具有相应的地址、字数、方式、命令、请求、屏蔽、状态和暂存寄存器，通过对它们的编程，可实现 8237 初始化，以确定 DMA 控制的工作类型、传输类型、优先级控制、传输定时控制及工作状态等。8237 的外部引脚如图 3-21 所示。

8237 的内部寄存器分为两类：

4 个通道共用的寄存器，包括命令、方式、状态、请求、屏蔽和暂存寄存器。4 个通道专用的寄存器，包括地址寄存器（基地址及当前地址寄存器）和字节计数器（基本字节计数器和当前字节计数器）。

8237 的内部结构图如图 3-22 所示。

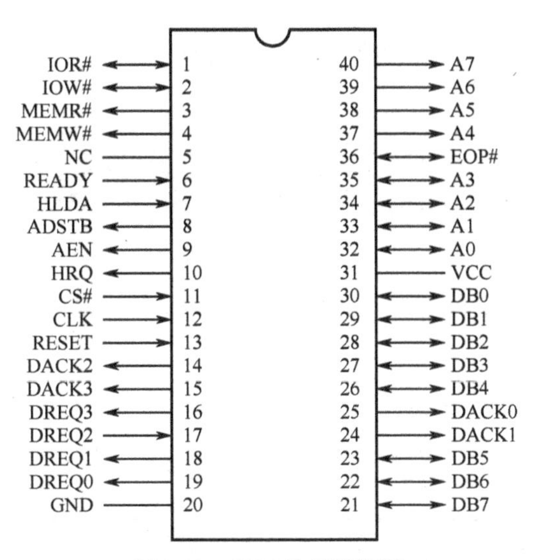

图 3-21 8237 外部引脚图

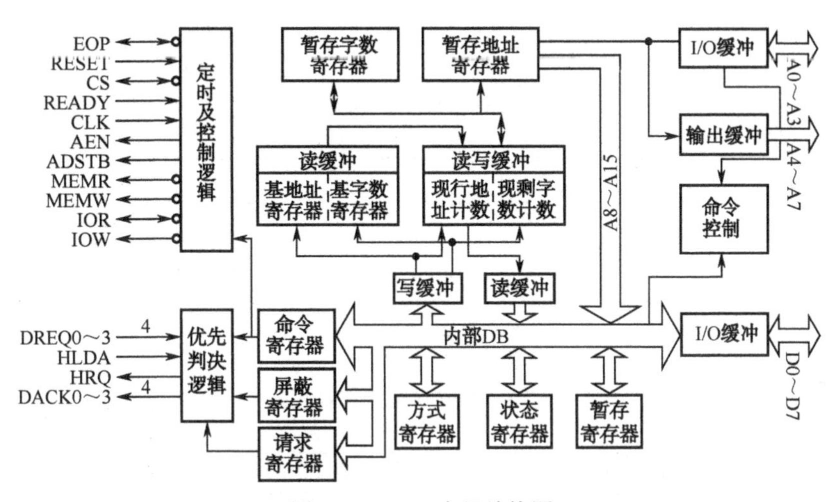

图 3-22 8237 内部结构图

寄存器格式如图 3-23～图 3-27 所示。

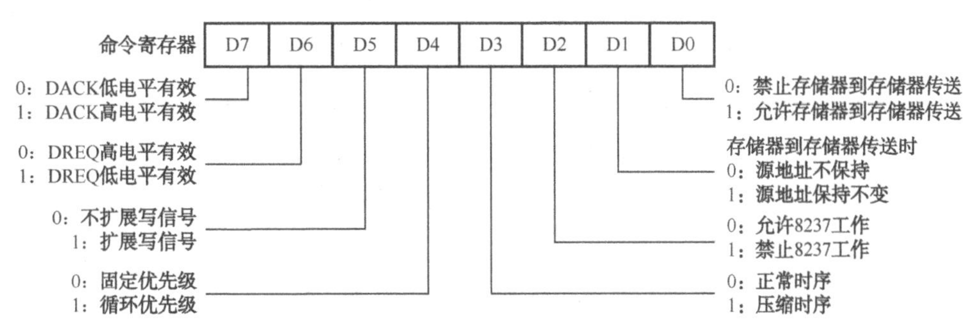

图 3-23 命令寄存器格式

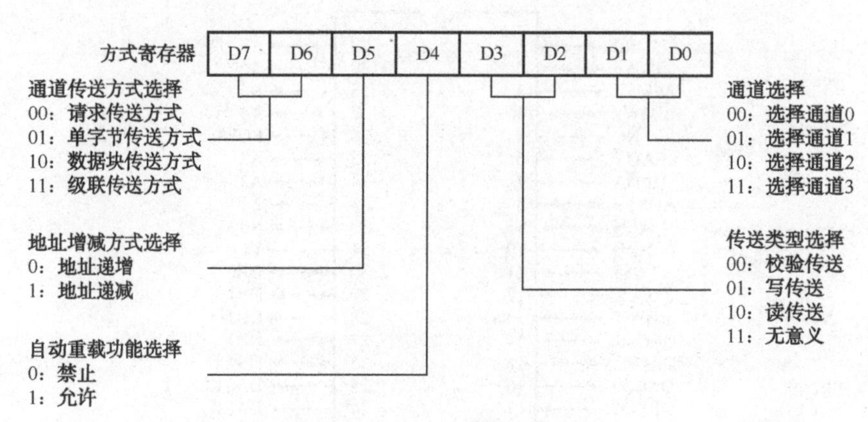

图 3-24　方式寄存器格式

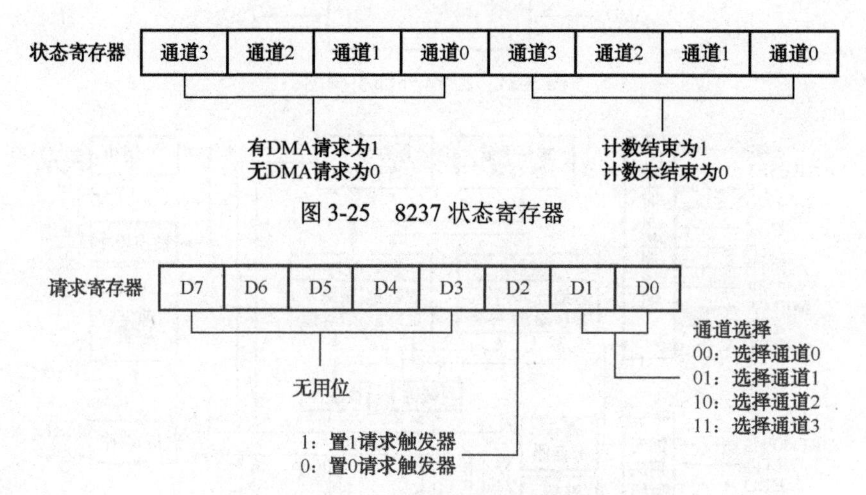

图 3-25　8237 状态寄存器

图 3-26　8237 请求寄存器格式

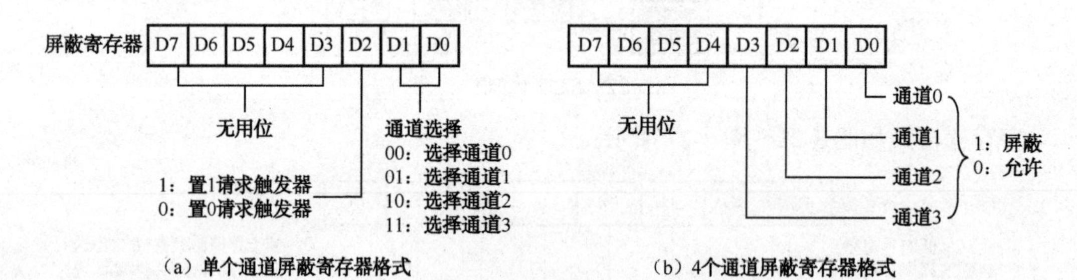

图 3-27　通道屏蔽寄存器格式

表 3-3 列出了 8237 内部寄存器和软命令及其读/写操作信息。

表 3-3 8237 内部寄存器和软命令及其读/写操作一览表

<table>
<tr><th colspan="2" rowspan="2">寄存器名</th><th rowspan="2">位长</th><th rowspan="2">操作</th><th colspan="6">片选逻辑（CS#=0）</th><th rowspan="2">对 应
端口号</th><th rowspan="2">先/后
触发器</th><th rowspan="2">操作字节</th></tr>
<tr><th>IOR#</th><th>IOR#</th><th>A3</th><th>A2</th><th>A1</th><th>A0</th></tr>
<tr><td colspan="2">基地址寄存器（4个）</td><td>16</td><td>写</td><td rowspan="2">1</td><td rowspan="2">0</td><td>0</td><td>A2</td><td>A1</td><td>0</td><td></td><td></td><td></td></tr>
<tr><td colspan="2" rowspan="2">当前地址寄存器
（4个）</td><td rowspan="2">16</td><td>写</td><td colspan="4" rowspan="2">通道选择</td><td rowspan="2">0H
2H
4H
8H</td><td rowspan="2">0
1
0
1</td><td rowspan="2">低 8 位
高 8 位
低 8 位
高 8 位</td></tr>
<tr><td>读</td><td>0</td><td>1</td></tr>
<tr><td colspan="2">基字节数寄存器（4个）</td><td>16</td><td>写</td><td rowspan="2">1</td><td rowspan="2">0</td><td>0</td><td>A2</td><td>A1</td><td>1</td><td></td><td></td><td></td></tr>
<tr><td colspan="2" rowspan="2">当前字节数寄存器
（4个）</td><td rowspan="2">16</td><td>写</td><td colspan="4" rowspan="2">通道选择</td><td rowspan="2">1H
3H
5H
7H</td><td rowspan="2">0
1
0
1</td><td rowspan="2">低 8 位
高 8 位
低 8 位
高 8 位</td></tr>
<tr><td>读</td><td>0</td><td>1</td></tr>
<tr><td colspan="2">命令寄存器</td><td>8</td><td>写</td><td>1</td><td>0</td><td rowspan="2">1</td><td rowspan="2">0</td><td rowspan="2">0</td><td rowspan="2">0</td><td rowspan="2">8H</td><td rowspan="10">-</td><td rowspan="10">-</td></tr>
<tr><td colspan="2">状态寄存器</td><td>8</td><td>读</td><td>0</td><td>1</td></tr>
<tr><td colspan="2">请求寄存器</td><td>4</td><td>写</td><td>1</td><td>0</td><td>1</td><td>0</td><td>0</td><td>1</td><td>9H</td></tr>
<tr><td colspan="2">写单个屏蔽位寄存器</td><td>4</td><td>写</td><td>1</td><td>0</td><td>1</td><td>0</td><td>1</td><td>0</td><td>AH</td></tr>
<tr><td colspan="2">方式寄存器（4个）</td><td>6</td><td>写</td><td>1</td><td>0</td><td>1</td><td>0</td><td>1</td><td>1</td><td>BH</td></tr>
<tr><td colspan="2">暂存寄存器</td><td>8</td><td>读</td><td>0</td><td>1</td><td rowspan="2">1</td><td rowspan="2">1</td><td rowspan="2">0</td><td rowspan="2">1</td><td rowspan="2">DH</td></tr>
<tr><td rowspan="3">软
命
令</td><td>主清除</td><td>—</td><td>写</td><td>1</td><td>0</td></tr>
<tr><td>清先/后触发器</td><td>—</td><td>写</td><td>1</td><td>0</td><td>1</td><td>1</td><td>0</td><td>0</td><td>CH</td></tr>
<tr><td>清屏蔽寄存器</td><td>—</td><td>写</td><td>1</td><td>0</td><td>1</td><td>1</td><td>1</td><td>0</td><td>EH</td></tr>
<tr><td colspan="2">写 4 通道屏蔽位寄存器</td><td>4</td><td>写</td><td>1</td><td>0</td><td>1</td><td>1</td><td>1</td><td>1</td><td>FH</td></tr>
<tr><td colspan="2">地址暂存寄存器</td><td>16</td><td colspan="10" rowspan="2">与 CPU 不直接发生关系</td></tr>
<tr><td colspan="2">字节数暂存寄存器</td><td>16</td></tr>
</table>

（2）DMA 实验单元电路图、存储器译码单元电路图

实验系统中提供的 8237 单元电路原理如图 3-28 所示。

实验系统的系统总线单元提供了 MY0 和 MY1 两个存储器译码信号，译码空间分别为 80000H～9FFFFH 和 A0000H～BFFFFH。在做 DMA 实验时，CPU 会让出总线控制权，而 8237 的寻址空间仅为 0000H～FFFFH，8237 无法寻址到 MY0 的译码空间，故系统中将高位地址线 A19～A17 连接到固定电平上，在 CPU 让出总线控制权时，MY0 会变为低电平，即 DMA 访问期间，MY0 有效。存储器译码单元电路图如图 3-29 所示。

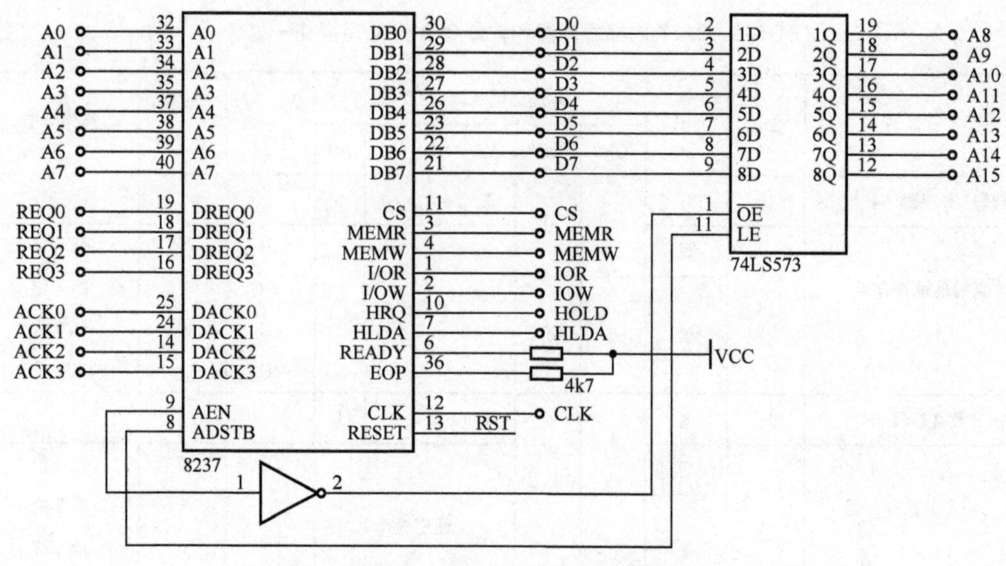

图 3-28　DMA 实验单元电路图

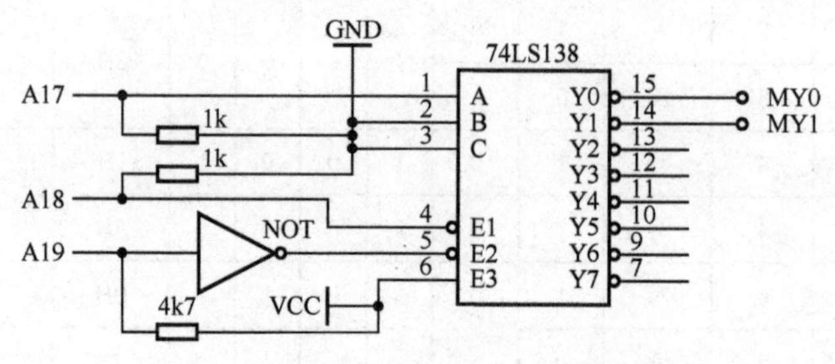

图 3-29　存储器译码单元电路图

6. 实验步骤

（1）存储器到存储器 DMA 传输实验

将存储器 1000H 单元开始的连续 10 个字节的数据复制到地址 0000H 开始的 10 个单元中，实现 8237 的存储器到存储器传输。

① 确认从 PC 引出的串口通信电缆已经连接在实验台上。

② 实验接线如图 3-30 所示，按图连接实验线路，打开实验台电源。

③ 打开 Wmd86 软件，参考实验流程图 3-31 编写实验程序，编译、链接程序无误后，将目标代码装入系统。

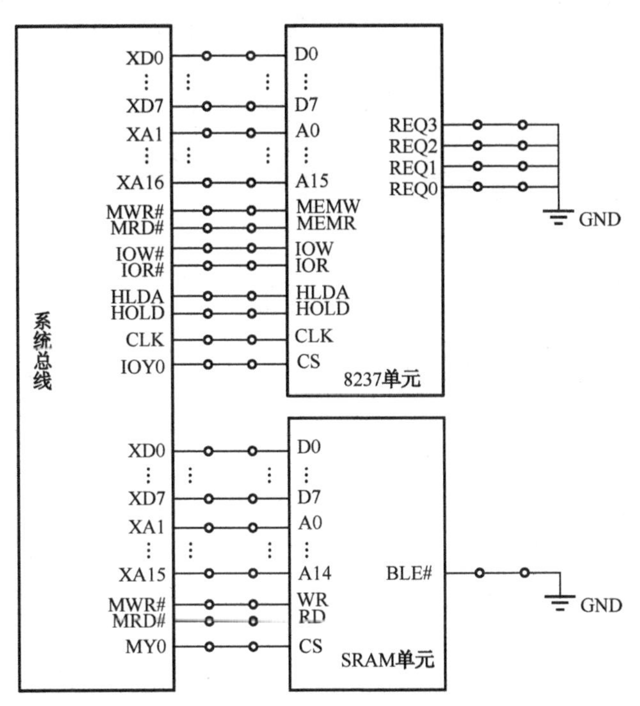

图 3-30 8237 实现存储器到存储器传输实验接线图

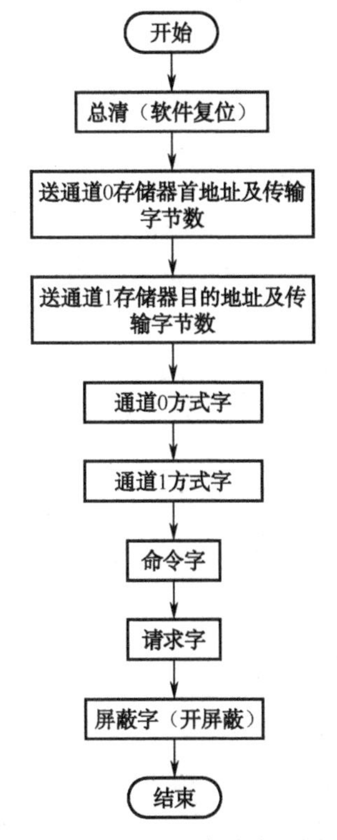

图 3-31 DMA 实验流程图

④ 初始化首地址中的数据，通过 E8000:2000 命令来改变。（注：思考为何通道中送入的首地址值为 1000H，而 CPU 初始化时的首地址为 2000H。）

```
E8000:2000=11
E8000:2002=22
E8000:2004=33
E8000:2006=44
E8000:2008=55
E8000:200A=66
E8000:200C=77
E8000:200E=88
E8000:2010=99
E8000:2012=00
```

⑤ 运行程序，等待程序运行停止。

⑥ 通过 D8000:0000 命令查看 DMA 传输结果，是否与首地址中写入的数据相同，可反复验证。

（2）I/O 到存储器 DMA 传输实验

在实验（1）基础上增加 8255 初始化为 B 口输入，A 口输出。B 口输入数据由拨动开关模拟。修改 8237 初始化方式，将 B 口所连接开关指示的数据传输到存储器相应的数据单元中。

① 实验接线如图 3-32 所示，按图连接实验线路。

② 编写实验程序，编译、链接程序无误后，将目标代码装入系统。

③ 拨动 8255 的 B 口所连开关组，设置好一个数据。

④ 运行程序，等待程序运行停止。

⑤ 在“Memory”的地址栏输入“8000:0642”，回车，查看 DMA 传输结果，是否与前面开关所设置数据相同，可反复验证。

注：本实验中，8255 使用 IOY1 地址空间，B 口的端口地址为 0642H，所以，数据传输到扩展存储器偏移为 0642H 地址单元。对于 8237 来讲，实际偏移地址为 0321H。想想看，是不是这样？

（3）存储器到 I/O DMA 传输实验

在实验（1）基础上增加 8255 初始化为 B 口输入，A 口输出。A 口输出数据连接到数码二极管组显示。修改 8237 初始化方式，将存储器相应数据单元中的数据传输到 A 口，由数码二极管组显示。

① 实验接线如图 3-32 所示，按图连接实验线路。

② 编写实验程序，编译、链接程序无误后，将目标代码装入系统。

③ 在“Memory”窗口中，设置地址“8000:0640H”中的数据。

④ 运行程序，等待程序运行停止。

⑤ 查看发光二极管组显示数据，是否与前面写入的数据相同，可反复验证。

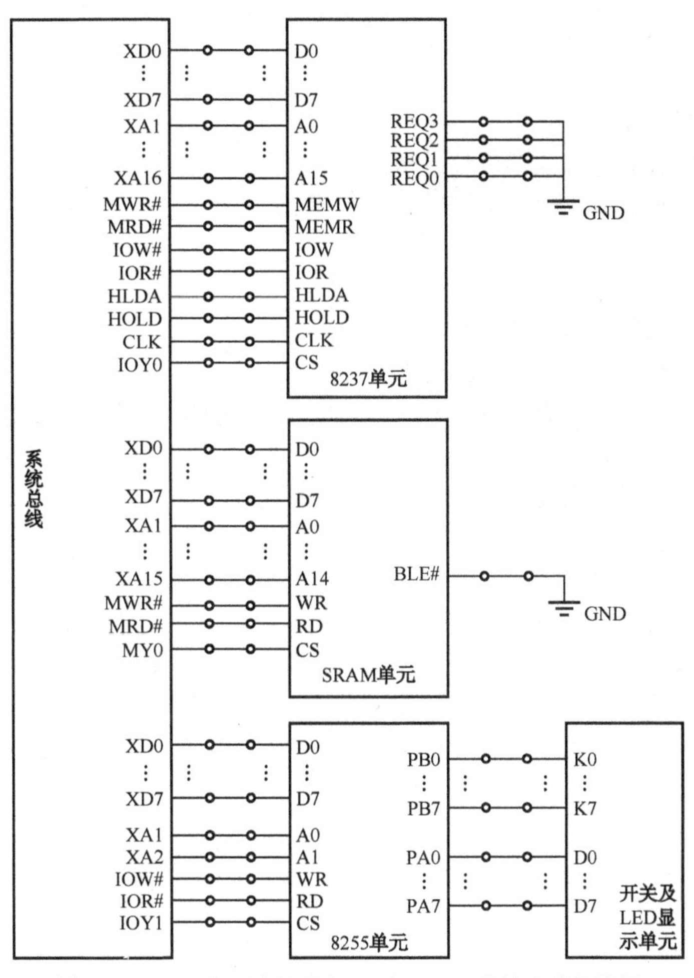

图 3-32　8237 实现存储器与 I/O 间 DMA 传输实验接线图

注：本实验中，8255 使用 IOY1 地址空间，A 口的端口地址为 0640H，所以，我们设置是扩展存储单元中偏移为 0640H 的数据。对于 8237 来讲，实际偏移地址为 0320H。

7．实验提示

实验中用到的扩展口 I/O 接口的 IOY0～IOY3 的编址空间可从附录表 A.2 查得。

3.4　8254 定时器/计数器实验

1．实验目的

（1）掌握可编程 8254 定时器/计数器的各种工作方式，熟悉 8254 的编程方法。
（2）掌握 8254 典型应用电路的接法。

2. 实验设备

（1）微型计算机 1 台。
（2）TD-PITE 微机接口实验系统 1 套。
（3）示波器 1 台。

3. 预习要求

（1）阅读本实验教程及相关教材。
（2）了解实验台单脉冲发生器的使用方法。
（3）复习有关中断的内容，复习 8254 的初始化编程方法和读取计数值的方法。
（4）预习实验提示及相关知识点。
（5）按实验题目要求在实验前编写好相应的源程序。

4. 实验内容和要求

（1）计数应用实验。编写程序，利用 8254 的计数功能，使用单次脉冲模拟计数，使每当按动单脉冲按键“KK1+”5 次后，产生一次计数中断，并在屏幕上显示一个字符“M”。

（2）定时应用实验。编写程序，利用 8254 的定时功能，产生一个 1s 的方波，并用示波器来观察输出的波形（可以用集成开发软件自带的虚拟示波器来观察）。

5. 实验原理

8254 是 Intel 公司生产的可编程间隔定时器。是 8253 的改进型，比 8253 具有更优良的性能。8254 具有以下基本功能：
（1）具有 3 个独立的 16 位计数器。
（2）每个计数器可按二进制或十进制（BCD）计数。
（3）每个计数器可编程工作于 6 种不同工作方式。
（4）8254 每个计数器允许的最高计数频率为 10MHz（8253 为 2MHz）。
（5）8254 有读回命令（8253 没有），除了可以读出当前计数单元的内容外，还可以读出状态寄存器的内容。
（6）计数脉冲可以是有规律的时钟信号，也可以是随机信号。计数初值公式为

$$n=f_{CLKi}/f_{OUTi} \tag{1}$$

式中，f_{CLKi} 是输入时钟脉冲的频率；f_{OUTi} 是输出波形的频率。

图 3-33 是 8254 的内部结构框图和引脚图，它是由与 CPU 的接口、内部控制电路和三个计数器组成。8254 的工作方式如下述：
（1）方式 0：计数到 0 结束输出正跃变信号方式。
（2）方式 1：硬件可重触发单稳方式。
（3）方式 2：频率发生器方式。
（4）方式 3：方波发生器。
（5）方式 4：软件触发选通方式。

（6）方式 5：硬件触发选通方式。

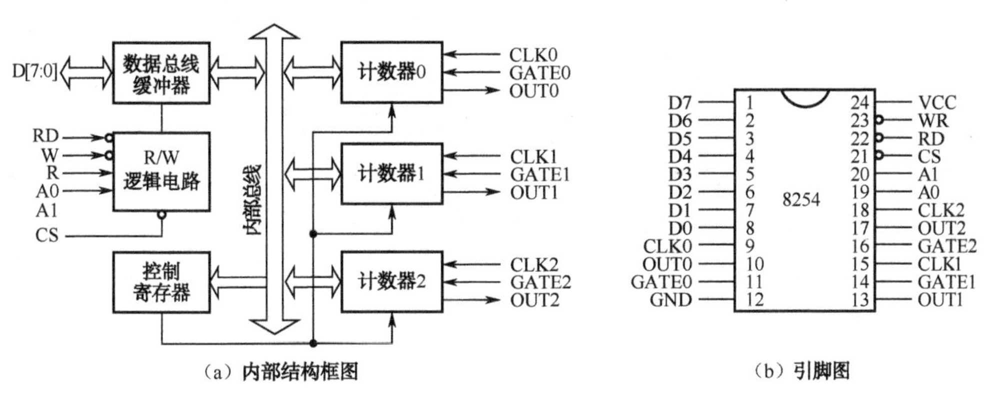

（a）内部结构框图　　（b）引脚图

图 3-33　8254 的内部结构框图和引脚图

8254 的控制字有两个：一个用来设置计数器的工作方式，称为方式控制字；另一个用来设置读回命令，称为读回控制字。这两个控制字共用一个地址，由标识位来区分。控制字格式见表 3-4～表 3-6。

表 3-4　8254 的方式控制字格式

D7	D6	D5	D4	D3	D2	D1	D0
计数器选择		读/写格式选择		工作方式选择			计数码制选择
00—计数器 0 01—计数器 1 10—计数器 2 11—读出控制字标志		00—锁存计数值 01—读/写低 8 位 10—读/写高 8 位 11—先读/写低 8 位再读/写高 8 位		000—方式 0 001—方式 1 010—方式 2 011—方式 3 100—方式 4 101—方式 5			0—二进制数 1—十进制数

表 3-5　8254 读出控制字格式

D7	D6	D5	D4	D3	D2	D1	D0
1	1	0—锁存计数值	0—锁存状态信息	计数器选择（同方式控制字）			0

表 3-6　8254 状态字格式

D7	D6	D5	D4	D3	D2	D1	D0
OUT 引脚现行状态 1—高电平 0—低电平	计数初值是否装入 1—无效计数 0—计数有效	计数器方式（同方式控制字）					

8254 实验单元电路图如图 3-34 所示。

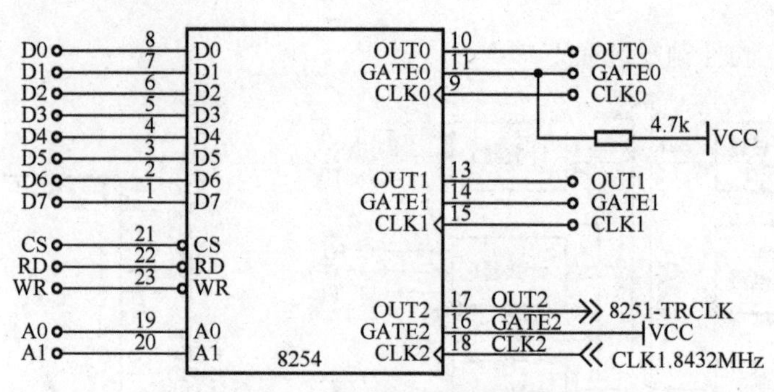

图 3-34　8254 实验电路原理图

6. 实验步骤

（1）计数应用实验

将 8254 的计数器 0 设置为方式 3，计数值为十进制数 4，用单次脉冲 KK1+作为 CLK0 时钟，OUT0 连接 MIR7，每当 KK1+按动 5 次后产生中断请求，在屏幕上显示字符“M”。

实验步骤如下：

① 确认从 PC 引出的串口通信电缆已经连接在实验台上。

② 参考图 3-35 所示连接实验线路（由于 8254 单元中 GATE0 信号已经上拉+5V，所以 GATE0 不用接线），打开实验台电源。

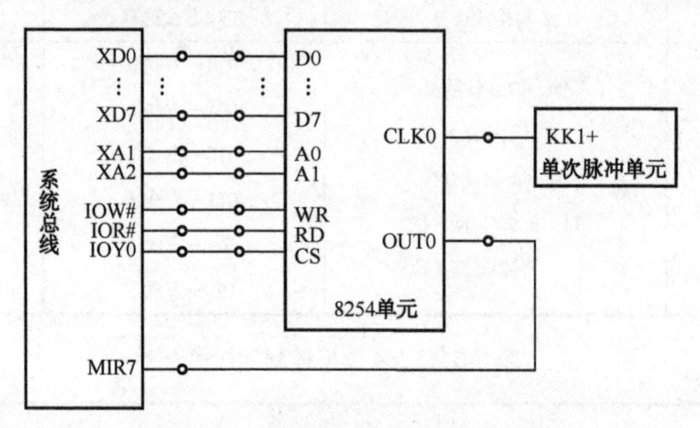

图 3-35　8254 计数应用实验接线图

③ 打开 Wmd86 软件，编写实验程序，经编译、链接无误后装入系统。

④ 单击按钮，运行实验程序，每连续按动 5 次单脉冲按键 KK1+，在界面的输出区会显示字符“M”，观察实验现象。实验现象结果如图 3-36 所示。

⑤ 可以改变计数值，从而实现不同要求的计数。

图 3-36　8254 计数实验结果图

（2）定时应用实验

将8254的计数器0和计数器1都设置为方式3，用信号源1MHz作为CLK0时钟，OUT0为波形输出1ms方波，再通过CLK1输入，OUT1输出1s方波。

实验步骤如下：

① 确认从PC引出的串口通信电缆已经连接在实验台上。

② 参考图3-37所示连接实验线路，打开实验台电源。

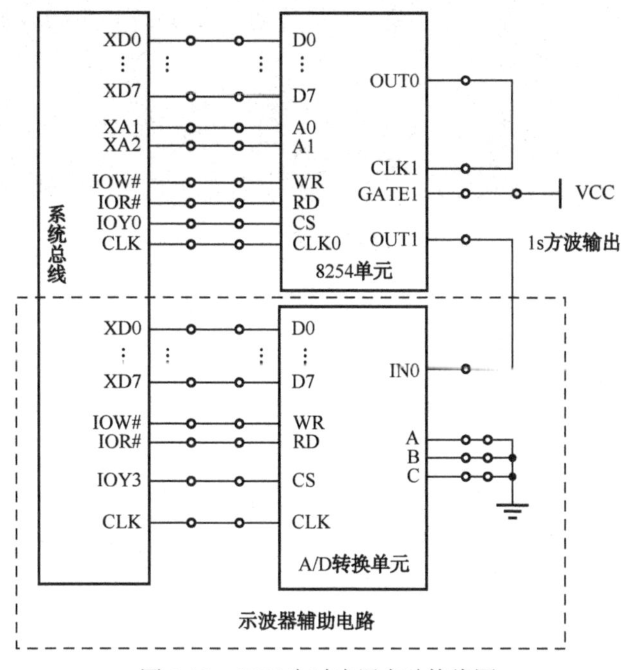

图3-37 8254定时应用实验接线图

③ 打开Wmd86软件，编写实验程序，经编译、链接无误后装入系统。

④ 单击按钮，运行实验程序，8254的OUT1会输出1s的方波，利用示波器观察输出的方波（可用软件自带的示波器功能进行观察）。

⑤ 用Wmd86集成开发软件自带示波器观察波形的方法：单击虚拟仪器菜单中的示波器按钮或直接单击工具栏的按钮，在新弹出的示波器界面上单击按钮运行示波器，就可以观测出OUT1输出的波形。

本实验现象结果如图3-38所示。

7. 实验提示

8253/8254是减1计数器，计数初值决定了定时的长短。因此，定时时间T_{out}=计数时钟周期T_{clk}×计数初值n，故

$$计数初值n=\frac{T_{out}}{T_{clk}}=\frac{1/f_{out}}{1/f_{clk}}=\frac{f_{clk}}{f_{out}}$$

当计数初值超过了2^{16}（65535）时，即超出了一个计数器的计数范围，此时用一个计数器无法实现，可考虑用两个计数器级联来实现。

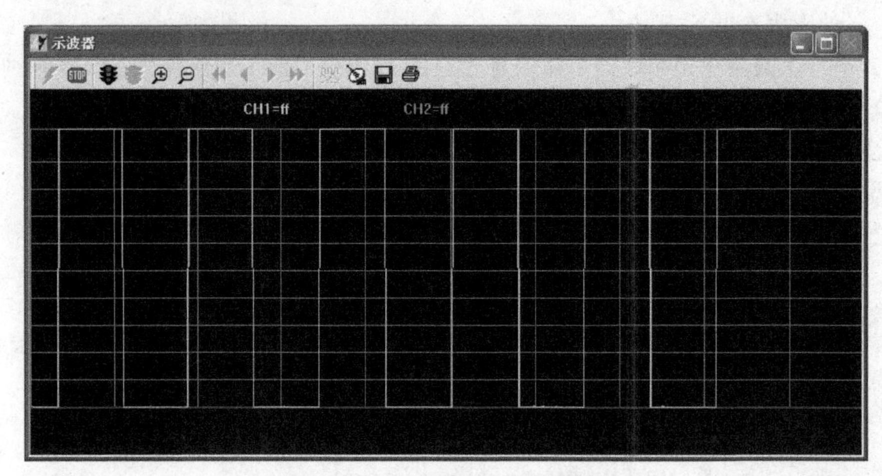

图 3-38　8254 定时应用实验结果图

3.5　8255 并行接口实验

1．实验目的

（1）学习并掌握 8255 的工作原理、工作方式及其典型应用电路的接法。
（2）学会使用 8255 并行接口芯片实现各种输入、输出传输控制的方法。
（3）掌握程序固化及脱机运行程序的方法。

2．实验设备

（1）微型计算机 1 台。
（2）TD-PITE 微机接口实验系统 1 套。

3．预习要求

（1）阅读本实验教程及相关教材。
（2）复习 8255 并行接口的工作原理和初始化方法。
（3）预习实验提示及相关知识点。
（4）按实验题目要求在实验前编写好相应的源程序。

4．实验内容和要求

（1）基本输入/输出实验。编写程序，使 8255 的 A 口为输出，B 口为输入，完成拨动开关到数据灯的数据传输。要求只要开关拨动，数据灯的显示就发生相应改变。

（2）流水灯显示实验。编写程序，使 8255 的 A 口和 B 口均为输出，数据灯 D7～D0 由左向右，每次仅亮一个灯，循环显示，D15～D8 与 D7～D0 正相反，由右向左，每次仅点亮一个灯，循环显示。

（3）方式 1 输入/输出实验。编写程序，使 8255 工作在方式 1 控制下的 A 口输入，B 口输出。

5. 实验原理

并行接口是以数据的字节为单位与 I/O 设备或被控制对象之间传递信息。CPU 和接口之间的数据传送总是并行的，即可以同时传递 8 位、16 位或 32 位等。8255 可编程外围接口芯片是 Intel 公司生产的通用并行 I/O 接口芯片，它具有 A、B、C 三个并行接口，用+5V 单电源供电，能在以下三种方式下工作：方式 0 为基本输入/输出方式；方式 1 为选通输入/输出方式；方式 2 为双向选通工作方式。8255 的内部结构及引脚如图 3-39 所示。8255 工作方式控制字和 C 口按位置位/复位控制字格式如图 3-40 所示。

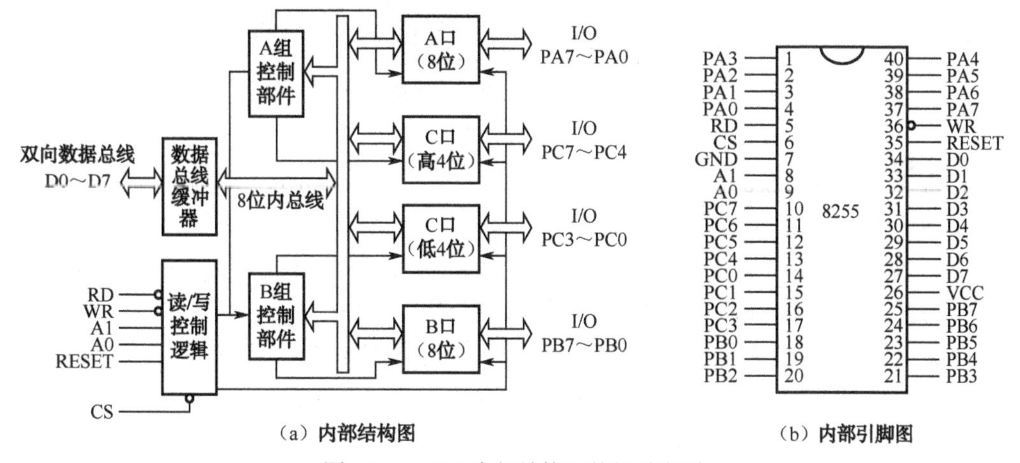

（a）内部结构图　　（b）内部引脚图

图 3-39　8255 内部结构和外部引脚图

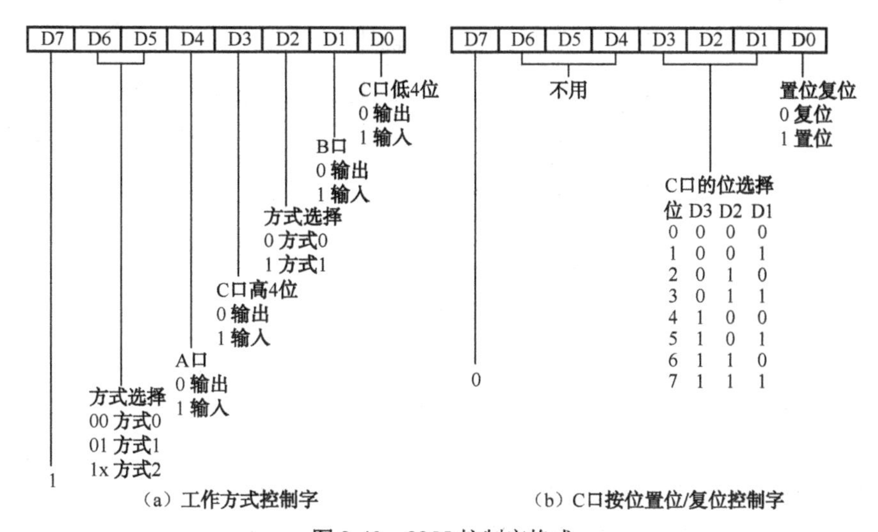

（a）工作方式控制字　　（b）C口按位置位/复位控制字

图 3-40　8255 控制字格式

8255 实验单元电路图如图 3-41 所示。

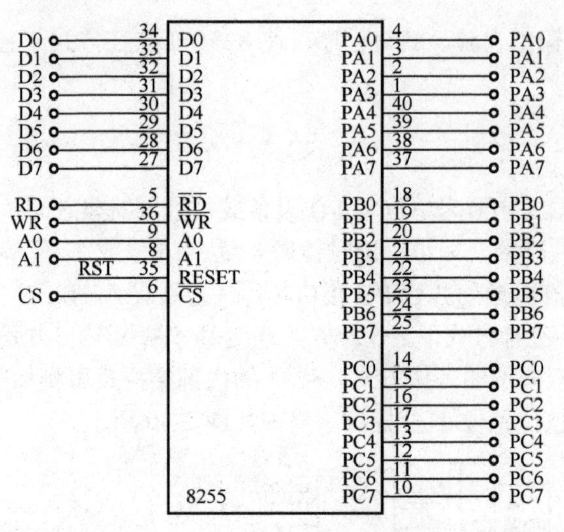

图 3-41　8255 实验单元电路图

6．实验步骤

（1）基本输入/输出实验

本实验使 8255 端口 A 工作在方式 0 并作为输出口，端口 B 工作在方式 0 并作为输入口。用一组开关信号接入端口 B，端口 A 输出线接至一组数据灯上，然后通过对 8255 芯片编程来实现输入/输出功能。具体实验步骤如下，其中第④步到第⑥步固化功能可选做。

① 确认从 PC 引出的串口通信电缆已经连接在实验台上。

② 实验接线图如图 3-42 所示，按图连接实验线路图，打开实验台电源。

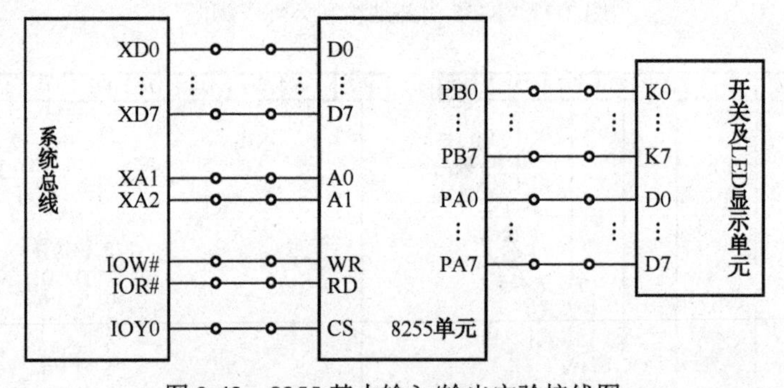

图 3-42　8255 基本输入/输出实验接线图

③ 打开 Wmd86 软件，编写实验程序，经编译、链接无误后装入系统。

④ 运行程序，改变拨动开关，同时观察 LED 显示，验证程序功能。

⑤ 单击“调试”下拉菜单中的“固化程序”项，将程序固化到系统存储器中。

⑥ 将 i386EX 单板机系统的短路跳线 JDBG 短接到 RUN 端，然后按复位按键，观察程序是否正常运行；关闭实验箱电源，稍等后再次打开电源，看固化的程序是否运行，验证程序功能。

⑦ 实验完毕后，注意将短路跳线 JDBG 的短路块短接回到 DBG 端，以方便下次联机

实验。

提示：i386EX CPU 单板机支持联机调试模式和脱机独立运行模式。两种模式的切换是通过i386EX CPU 单板机单元的右下角下层基板处的短路跳线 JDBG 来实现。短路块短接到 DBG 挡，CPU 与软件处于联机调试模式，该模式下，通过软件界面可对 CPU 进行下载程序，单步、断点、连续运行等调试，通过固化功能菜单，可将加载到 CPU 单板机存储器的程序中再固化到 Flash 存储器中。固化完成后，将短路块短接到 RUN 挡，并复位或另加电，CPU 将启动 Flash 存储器中的程序进行独立运行，此时 i386EX CPU 单板机就工作在脱机独立运行模式了。

（2）流水灯显示实验

使 8255 的 A 口和 B 口均为输出，数据灯 D7～D0 由左向右，每次仅亮一个灯，循环显示，D15～D8 与 D7～D0 正好相反，由右向左，每次仅点亮一个灯，循环显示。实验接线图如图 3-43 所示。

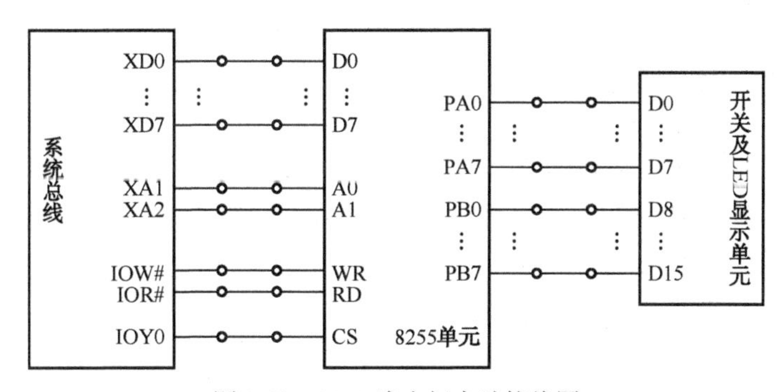

图 3-43 8255 流水灯实验接线图

实验步骤如下所述：

① 确认从 PC 引出的串口通信电缆已经连接在实验台上。

② 参考图 3-43 所示连接实验线路，打开实验台电源。

③ 打开 Wmd86 软件，编写实验程序，经编译、链接无误后装入系统。

④ 运行程序，观察 LED 灯的显示，验证程序功能。

⑤ 自己改变流水灯的方式，编写程序。

⑥ 固化程序并脱机运行（可选做）。

（3）方式 1 输入/输出实验

本实验使 8255 端口 A 工作在方式 0 并作为输出口，端口 B 工作在方式 1 并作为输入口，则端口 C 的 PC2 成为选通信号输入端 STBB，PC0 成为中断请求信号输出端 INTRB。当 B 口数据就绪后，通过发 STBB 信号来请求 CPU 读取端口 B 数据并送端口 A 输出显示。用一组开关信号接入端口 B，端口 A 输出线接至一组数据灯上。

具体实验步骤如下：

① 确认从 PC 引出的串口通信电缆已经连接在实验台上。

② 参考图 3-44 所示连接实验线路，打开实验台电源。

③ 打开 Wmd86 软件，编写实验程序，经编译、链接无误后装入系统。

④ 运行程序，然后改变拨动开关，准备好后，按动单次脉冲开关 KK1，同时观察数

据灯显示，应与开关组信号一致。

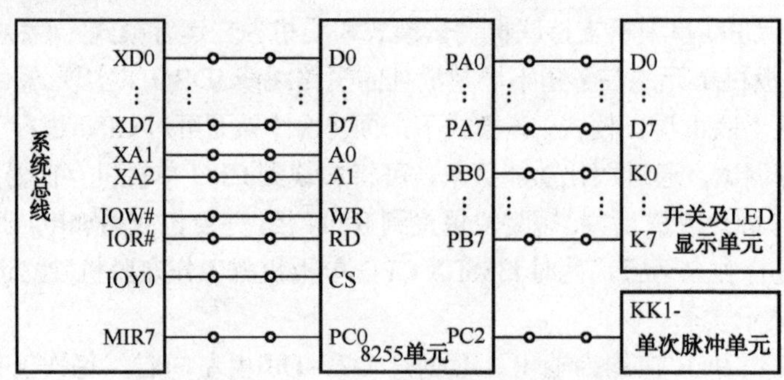

图 3-44　8255 方式 1 输入/输出实验接线图

7．实验提示

（1）在设置 C 口置位/复位控制字时，尽管该控制字针对 C 口进行操作，但必须写入控制端口，而不是写入 C 口对应的地址。

（2）改变 PC_i 端的输出，有两种方法。

① C 口置位/复位控制字法：对控制口（A1A0=11）操作，特点是仅改变 PC_i 端的输出状态，PC 口其他位不受影响。

② 向端口 C 写数据法：对 C 数据口（A1A0=10）操作，将影响 C 口所有位的状态。

3.6　8251 串行接口实验

1．实验目的

（1）了解串行通信的基本原理。

（2）掌握串行通信接口芯片 8251 的工作原理和编程方法。

2．实验设备

（1）微型计算机 1 台。

（2）TD-PITE 微机接口实验系统两套。

3．预习要求

（1）阅读本实验教程及相关教材。

（2）复习串行通信的工作原理以及 8251 的编程方法。

（3）预习实验提示及相关知识点。

（4）按实验题目要求在实验前编写好相应的源程序。

4．实验内容和要求

（1）数据信号的串行传输实验，循环向串口发送一个数，使用示波器测量 TXD 引脚上的波形，以了解串行传输的数据格式。

（2）自收自发实验，将 3000H 起始的 10 个单元中的初始数据发送到串口，然后自接收并保存到 4000H 起始的内存单元中。

（3）双机通信实验，本实验需要两台实验装置，其中一台作为接收机，一台作为发送机，发送机将 3000H～3009H 内存单元中共 10 个数发送到接收机，接收机将接收到的数据直接在屏幕上输出显示。

5. 实验原理

（1）8251 的基本性能

8251 是可编程的串行通信接口，可以管理信号变化范围很大的串行数据通信。有下列基本性能：

① 通过编程，可以工作在同步方式，也可以工作在异步方式。

② 同步方式下，波特率为 0～64k，异步方式下，波特率为 0～19.2k。

③ 在同步方式时，可以用 5～8 位来代表字符，内部或外部同步，可自动插入同步字符。

④ 在异步方式时，也使用 5～8 位来代表字符，自动为每个数据增加 1 个启动位，并能够根据编程为每个数据增加 1 个、1.5 个或 2 个停止位。

⑤ 具有奇偶、溢出和帧错误检测能力。

⑥ 全双工，双缓冲器发送和接收器。

注意： 8251 尽管通过了 RS-232 规定的基本控制信号，但并没有提供规定的全部信号。

（2）8251 的内部结构及外部引脚

8251 的内部结构图如图 3-45 所示，可以看出，8251 有 7 个主要部分，即数据总线缓冲器、读/写控制逻辑电路、调制/解调控制电路、发送缓冲器、发送控制电路、接收缓冲器和接收控制电路，图中还标识出了每个部分对外的引脚。

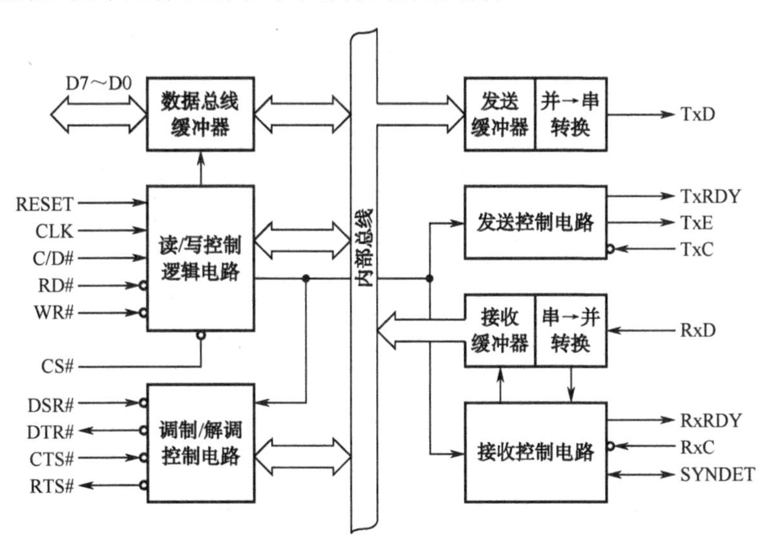

图 3-45 8251 内部结构图

8251 的外部引脚如图 3-46 所示，共 28 个引脚，每个引脚信号的输入输出方式如图中的箭头方向所示。

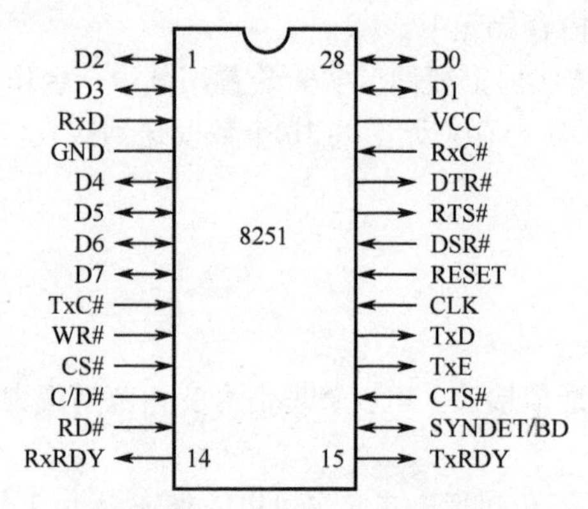

图 3-46　8251 外部引脚图

（3）8251 在异步方式下的 TXD 信号上的数据传输格式

图 3-47 给出了 8251 工作在异步方式下的 TXD 信号上的数据传输格式。数据位与停止位的位数可以由编程指定。

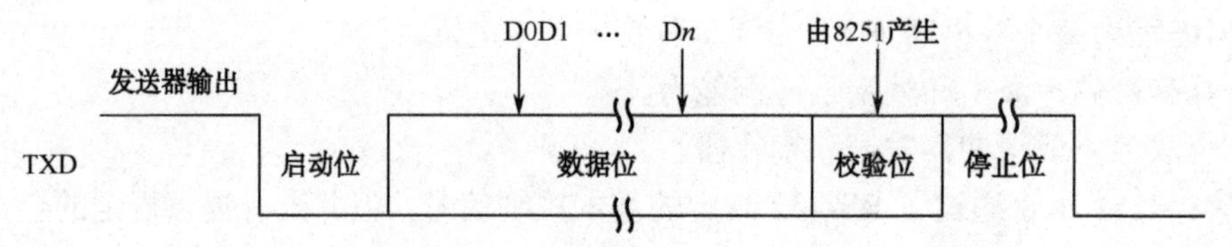

图 3-47　8251 工作在异步方式下 TXD 信号的数据传输格式

（4）8251 的编程

对 8251 的编程就是对 8251 的寄存器的操作，下面分别给出 8251 的几个寄存器的格式。

① 方式控制字。

方式控制字用来指定通信方式及其方式下的数据格式，具体各位的定义见表 3-7。

表 3-7　8251 方式控制字格式

<table>
<tr><td>D7</td><td>D6</td><td>D5</td><td>D4</td><td>D3</td><td>D2</td><td>D1</td><td>D0</td></tr>
<tr><td>SCS/S2</td><td>ESD/S1</td><td>EP</td><td>PEN</td><td>L2</td><td>L1</td><td>B2</td><td>B1</td></tr>
<tr><td colspan="2">同步/停止位</td><td colspan="2">奇偶校验</td><td colspan="2">字符长度</td><td colspan="2">波特率系数</td></tr>
<tr><td>同步（D1D0=00）
X0=内同步
X1=外同步
0X=双同步
1X=单同步</td><td>异步（D1D0≠0）
00=不用
01=1 位
10=1.5 位
11=2 位</td><td colspan="2">X0=无校验
01=奇校验
11=偶校验</td><td colspan="2">00=5 位
01=6 位
10=7 位
11=8 位</td><td>异步
00=不用
01=01
10=16
11=64</td><td>同步
00=同步方式标志</td></tr>
</table>

② 命令控制字。

命令控制字用于指定 8251 进行某种操作（如发送、接收、内部复位和检测同步字符等）或处于某种工作状态，以便接收或发送数据。8251 命令控制字各位的定义见表 3-8。

表 3-8 8251 命令控制字格式

D7	D6	D5	D4	D3	D2	D1	D0
EH	IR	RTS	ER	SBRK	RxE	DTR	TxEN
进入搜索 1=允许搜索	内部复位 1=使 8251 返回方式控制字	请求发送 1=使 RTS 输出 0	错误标志复位 使错误标志 PE、OE、FE 复位	发中止字符 1=使 TXD 为低 0=正常工作	接收允许 1=允许 0=禁止	数据终端准备好 1=使 DTR 输出 0	发送允许 1=允许 0=禁止

③ 状态字。

CPU 通过状态字来了解 8251 当前的工作状态，以决定下一步的操作，8251 的状态字见表 3-9。

表 3-9 8251 状态字格式

D7	D6	D5	D4	D3	D2	D1	D0
DSR	SYNDET	FE	OE	PE	TxE	RxRDY	TxRDY
数据装置就绪：当 DSR 输入为0时，该位为1	同步检测	帧错误：该标志仅用于异步方式，当在任一字符的结尾没有检测到有效的停止位时，该位置 1。此标志由命令控制字中的位 4 复位	溢出错误：在下一个字符变为可用前，CPU 没有把字符读走，此标志置 1。此错误出现时上一字符已丢失	奇偶错误：当检测到奇偶错误时此位置 1	发送器空	接收就绪为 1 表明接收到一个字符	发送就绪为 1 表明发送缓冲器空

④ 系统初始化。

8251 的初始化和操作流程如图 3-48 所示。

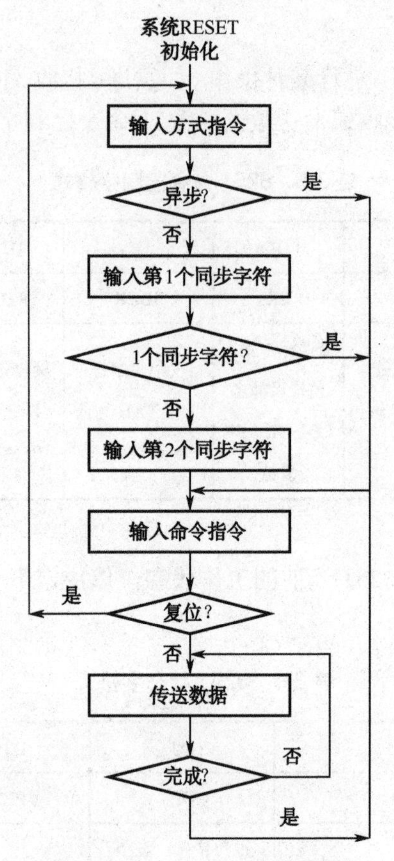

图 3-48　8251 初始化流程图

（5）8251 实验单元电路图（见图 3-49）

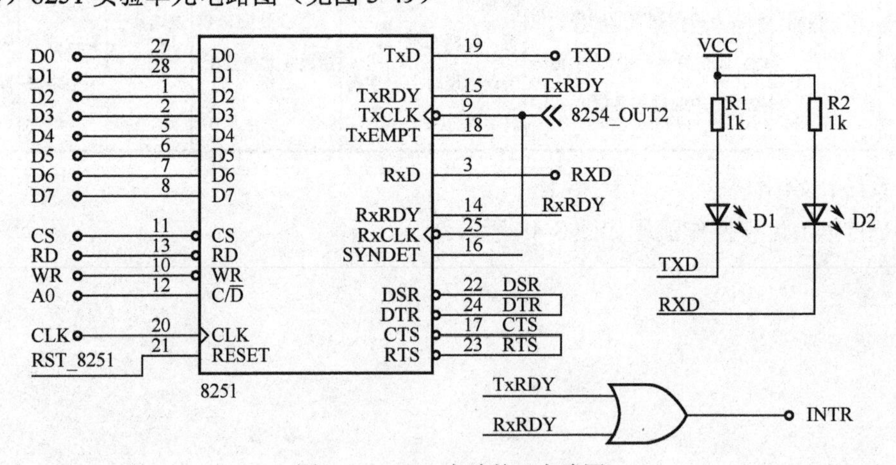

图 3-49　8251 实验单元电路图

6．实验步骤

（1）数据信号的串行传输

发送往串口的数据会以串行格式从 TXD 引脚输出，编写程序，观察串行输出的格式。

实验步骤如下：

① 确认从PC引出的串口通信电缆已经连接在实验台上。

② 参考图3-50所示连接实验线路，打开实验台电源。

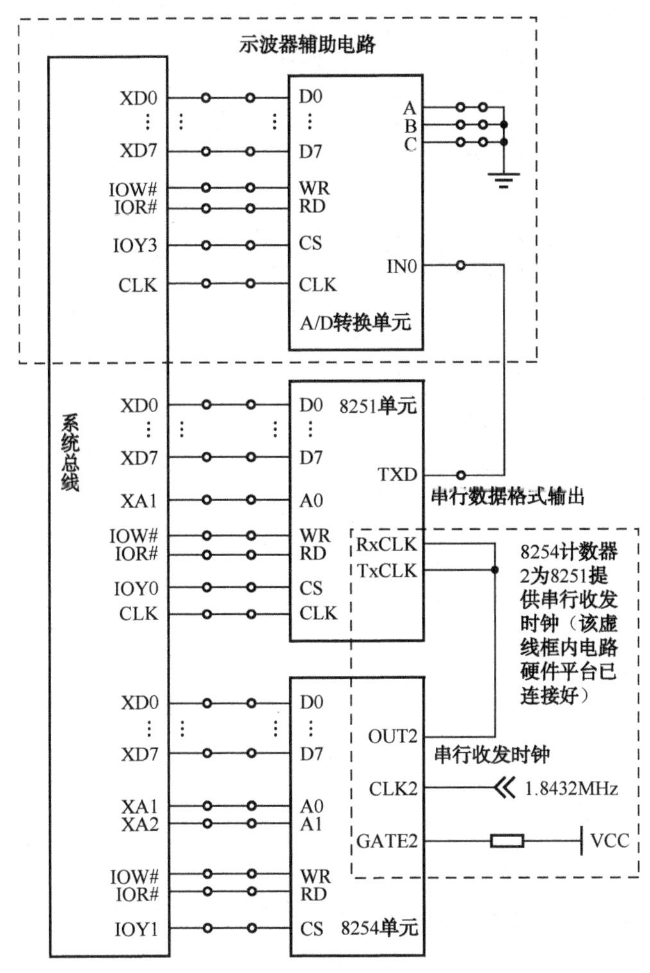

图3-50 8251数据串行传输实验线路图

③ 打开Wmd86软件，编写实验程序，经编译、链接无误后装入系统。

④ 单击按钮，运行实验程序，TXD引脚上输出串行格式的数据波形。

⑤ 用示波器观察波形的方法：单击虚拟仪器菜单中的示波器按钮或直接单击工具栏的按钮，在新弹出的示波器界面上单击按钮运行示波器，观测实验波形，分析串行数据传输格式。

（2）自收自发实验

通过自收自发实验，可以验证硬件及软件设计，常用于自测试。

具体实验步骤如下：

① 按照图3-51所示连接实验线路。

② 编写实验程序，编译、链接无误后装入系统。

③ 使用 E 命令更改 4000H 起始的 10 个单元中的数据。

④ 运行实验程序，等待程序运行停止。

⑤ 查看 3000H 起始的 10 个单元中的数据，与初始化的数据进行比较，验证程序功能。

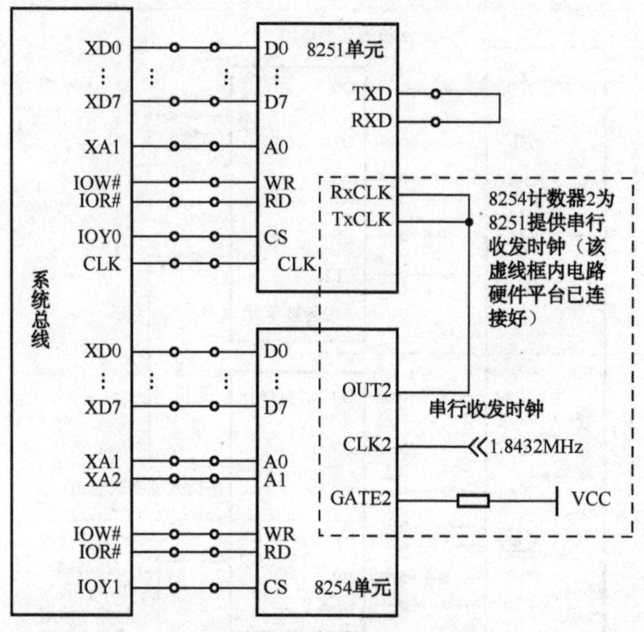

图 3-51　自收自发实验接线图

（3）双机通信实验

需要用到两台 TD-PITE 微机接口实验装置，一台作为发送机，一台作为接收机，进行两机间的串行通信。

实验步骤如下：

① 参考图 3-52 所示连接实验线路。

② 为两台机器分别编写实验程序，编译、链接后装入系统。

③ 为发送机初始化发送数据。在发送机 3000H～3009H 内存单元写入 ASCII 值：30、31、32、33、34、35、36、37、38、39 共 10 个数。

④ 首先运行接收机上的程序，等待接收数据，然后运行发送机上的程序，将数据发送到串口。

⑤ 观察接收机端屏幕上的显示是否与发送机端初始的数据相同，验证程序功能。屏幕将会显示字符：0123456789。

7．实验提示

① 奇偶校验是一种校验代码传输正确性的方法。根据被传输的一组二进制代码的数位中“1”的个数是奇数或偶数来进行校验。采用奇数的称为奇校验，反之，称为偶校验。例如：8 位数据 0110101，1 的个数为偶数。如果是奇校验，则加 1 个 1，变为奇数，所以奇校验位为 1；如果是偶校验，则加 1 个 0 仍为偶数，所以偶校验位为 0。

② 字符 0～9 的 ASCII 码为 30H～39H。

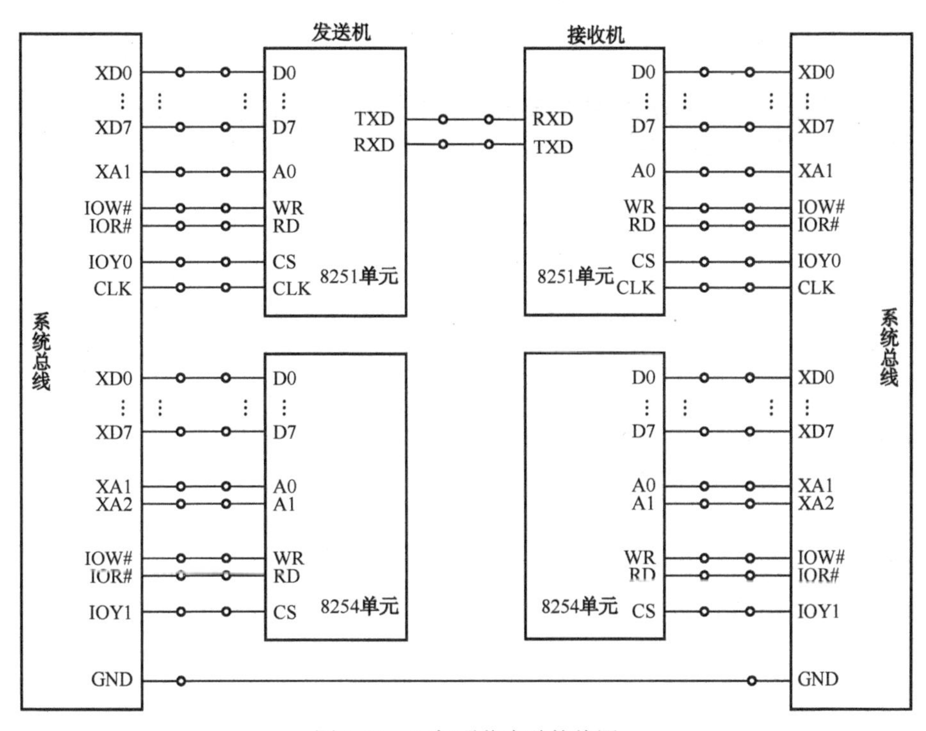

图 3-52 双机通信实验接线图

3.7 A/D 转换实验

1. 实验目的

（1）学习理解模/数信号转换的基本原理。
（2）掌握 ADC0809 接口电路与微机的硬件电路连接方法。
（3）掌握 ADC0809 接口电路的程序设计和调试方法。

2. 实验设备

（1）微型计算机 1 台。
（2）TD-PITE 微机接口实验系统 1 套。
（3）万用表 1 个。

3. 预习要求

（1）阅读本实验教程及相关教材。
（2）复习 A/D 转换的原理，ADC0809 的结构和引脚以及与 CPU 的接口方法。
（3）预习实验提示及相关知识点。

（4）按实验题目要求在实验前编写好相应的源程序。

4．实验内容和要求

编写实验程序，将实验台上 ADC 单元中提供的 0～5V 信号源作为模拟输入量，送入 ADC0809 通道，进行 A/D 转换，转换结果通过变量进行显示。

5．实验原理

ADC0809 包括一个 8 位的逐次逼近型的 ADC 部分，并提供一个 8 通道的模拟多路开关和联合寻址逻辑。用它可直接输入 8 个单端的模拟信号，分时进行 A/D 转换，在多点巡回检测、过程控制等应用领域中使用非常广泛。ADC0809 的主要技术指标如下。

（1）分辨率：8 位。

（2）单电源：+5V。

（3）总的不可调误差：±1LSB。

（4）转换时间：取决于时钟频率。

（5）模拟输入范围：单极性 0～5V。

（6）时钟频率范围：10～1280kHz。

ADC0809 的外部引脚如图 3-53 所示，地址信号与选中通道的关系见表 3-10。

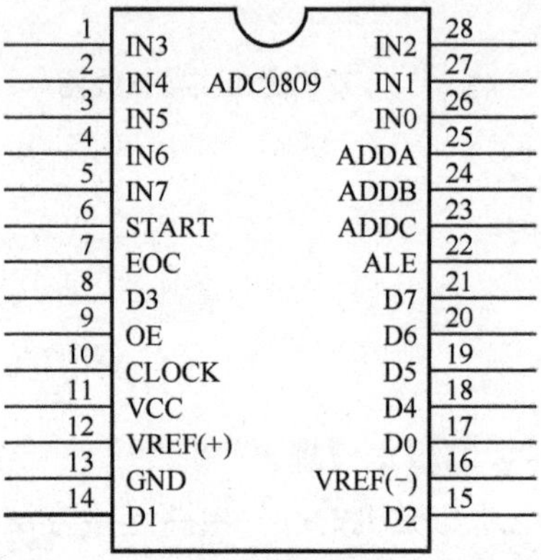

图 3-53　ADC0809 外部引脚图

表 3-10　地址信号与选中通道的关系

地　址			选中通道
A	B	C	
0	0	0	IN0
0	0	1	IN1
0	1	0	IN2
0	1	1	IN3
1	0	0	IN4

续表

地址			选中通道
A	B	C	
1	0	1	IN5
1	1	0	IN6
1	1	1	IN7

模/数转换单元电路图如图 3-54 所示。

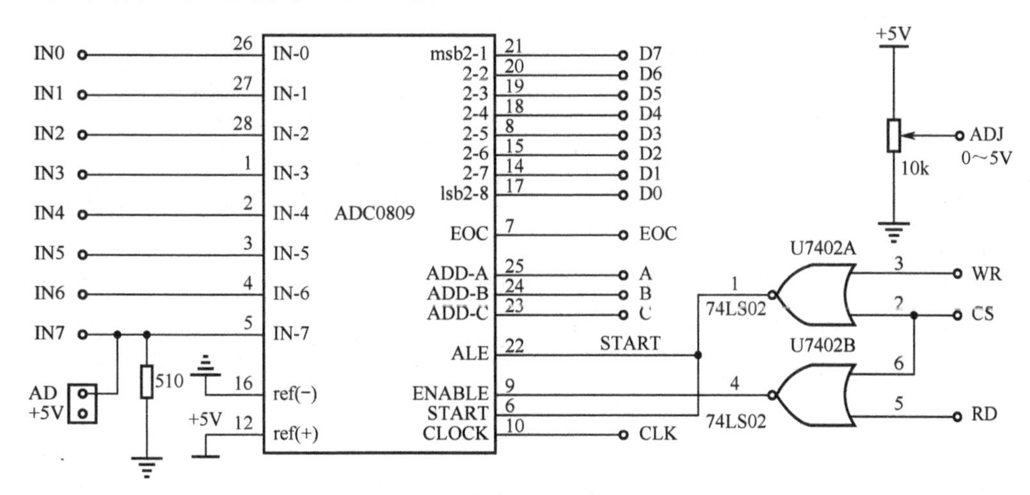

图 3-54 模/数转换单元电路图

6. 实验步骤

（1）确认从 PC 引出的串口通信电缆已经连接在实验台上。

（2）参考图 3-55 所示连接实验线路，打开实验台电源。

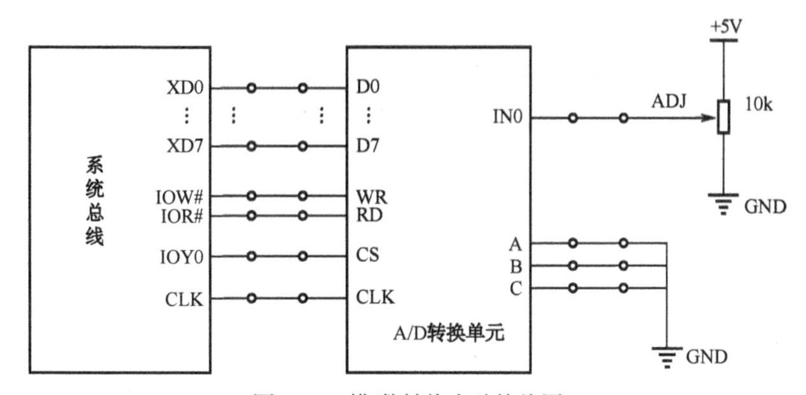

图 3-55 模/数转换实验接线图

（3）打开 Wmd86 软件，编写实验程序，经编译、链接无误后装入系统。

（4）将变量 VALUE 添加到变量监视窗口中。方法如下：打开“设置”→“变量监控”，出现如图 3-56 的界面，选中要监视的变量“VALUE”，单击“加入监视”按钮后确定，就会在软件左侧栏的“变量区”出现该值。

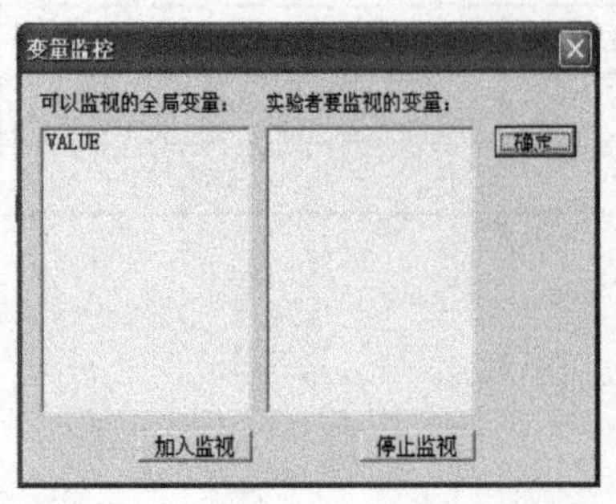

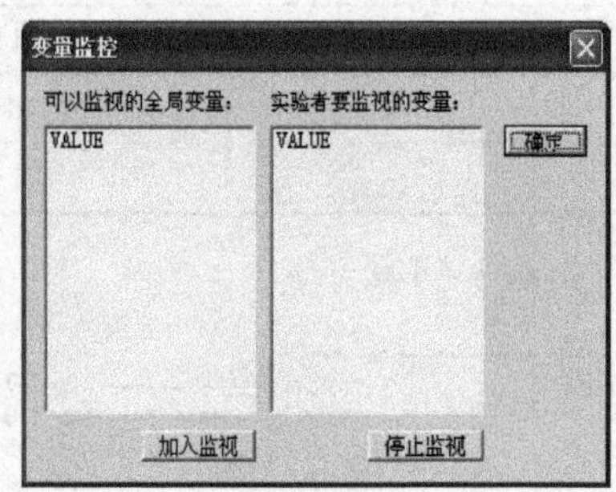

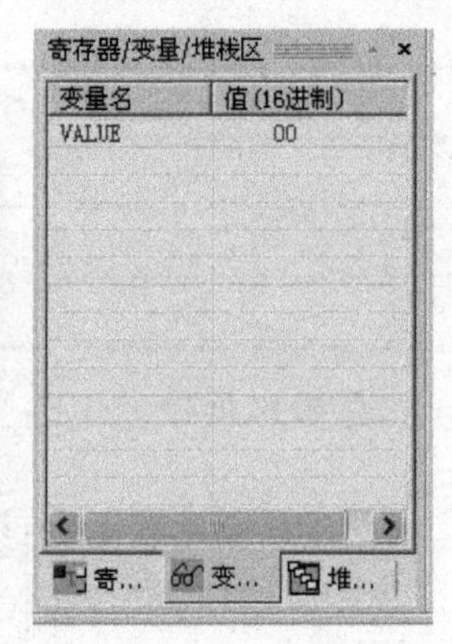

图 3-56　设置变量监控

（5）在 JMP START 语句行设置断点，使用万用表测量 ADJ 端的电压值，计算对应的采样值，然后运行程序。

（6）程序运行到断点处停止运行，查看变量窗口中 VALUE 的值，与计算的理论值进行比较，看是否一致（可能稍有误差，相差不大）。

（7）调节电位器，改变输入电压，比较 VALUE 与计算值，反复验证程序功能。

7．实验提示

（1）内部带三态输出锁存器，与 CPU 可直接相连，也可通过 8255 与 CPU 相连。

（2）与 CPU 间的数据传输可采用查询方式，也可用中断方式（EOC）。

3.8　D/A 转换实验

1．实验目的

（1）学习理解数/模信号转换的基本原理。

（2）掌握 DAC0832 接口电路与微机的硬件电路连接方法。

（3）掌握 DAC0832 接口电路的程序设计和调试方法。

2．实验设备

（1）微型计算机 1 台。

（2）TD-PITE 微机接口实验系统 1 套。

（3）示波器 1 台。

3．预习要求

（1）阅读本实验教程及相关教材。

（2）复习 D/A 转化的原理，DAC0832 的结构和使用方法。

（3）预习实验提示及相关知识点。

（4）按实验题目要求在实验前编写好相应的源程序。

4. 实验内容和要求

设计实验电路图实验线路并编写程序，实现 D/A 转换，要求产生锯齿波、脉冲波，并用示波器观察电压波形（可以用集成开发软件自带的虚拟示波器来观察）。

5. 实验原理

D/A 转换器是一种将数字量转换成模拟量的器件，其特点是接收、保持和转换的数字信息，不存在随温度、时间漂移的问题，其电路抗干扰性较好。大多数的 D/A 转换器接口设计主要围绕 D/A 集成芯片的使用及配置响应的外围电路。DAC0832 是 8 位芯片，采用 CMOS 工艺和 R-2RT 形电阻解码网络，转换结果为一对差动电流 $I_{out}1$ 和 $I_{out}2$ 输出，引脚如图 3-57 所示，其主要性能参数见表 3-11。

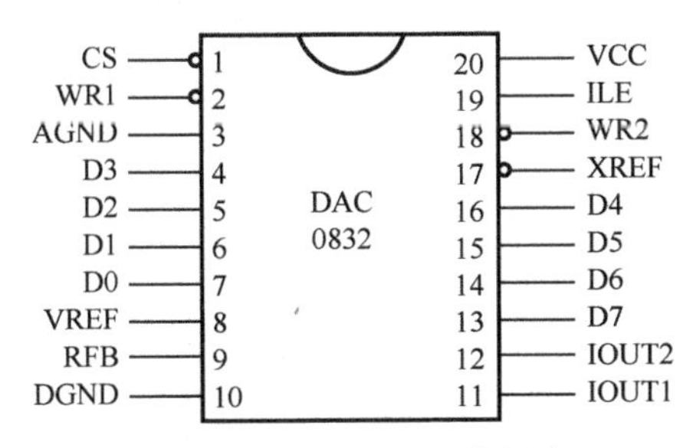

图 3-57 DAC0832 引脚图

表 3-11 DAC0832 性能参数

性 能 参 数	参 数 值
分辨率	8 位
单电源	+5～+15V
参考电压	+10～-10V
转换时间	1μs
满刻度误差	±1LSB
数据输入电平	与 TTL 电平兼容

数/模转换单元实验电路图如图 3-58 所示。

6. 实验步骤

（1）确认从 PC 引出的串口通信电缆已经连接在实验台上。

（2）参考图 3-59 所示连接实验线路，打开实验台电源。

（3）打开 Wmd86 软件，编写实验程序，经编译、链接无误后装入系统。

（4）单击 按钮，运行实验程序，用示波器测量 DA 的输出，观察实验现象（可用软件自带的示波器功能进行观察）。

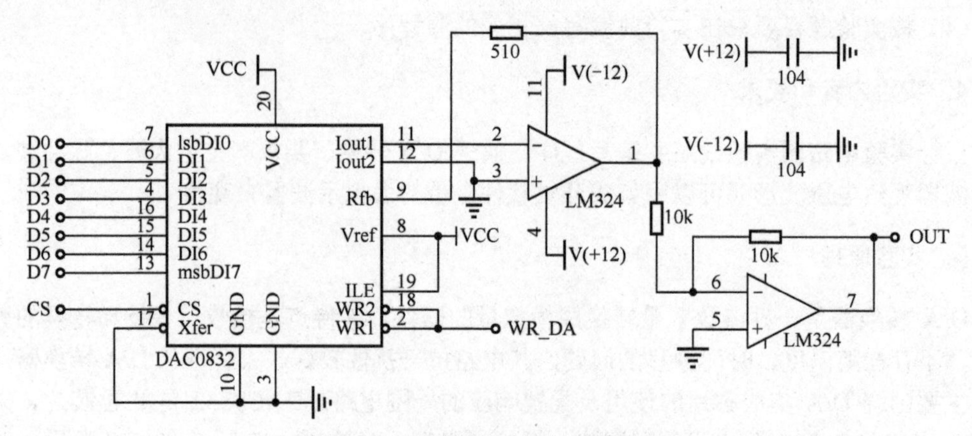

图 3-58　数/模转换实验单元电路图

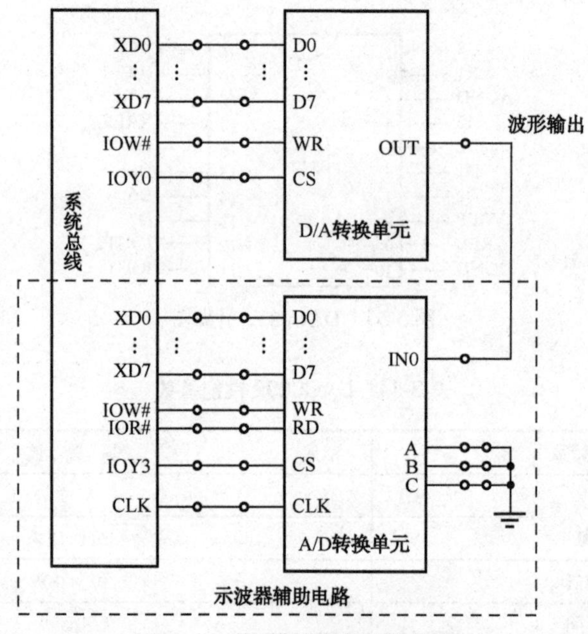

图 3-59　数/模转换实验接线图

（5）用 Wmd86 集成开发软件自带示波器观察波形的方法：单击虚拟仪器菜单中的示波器按钮或直接单击工具栏的按钮，在新弹出的示波器界面上单击按钮运行示波器，观测实验波形。

（6）本实验现象结果如图 3-60 和图 3-61 所示。

7．实验提示

（1）DAC 输出的模拟量与输入的数字量成正比关系。利用该特性，CPU 通过程序向 DAC 输出不同规律的数字量，可得到相应的模拟量。

（2）利用 DAC 可方便地产生各种波形，如方波、三角波和锯齿波等。

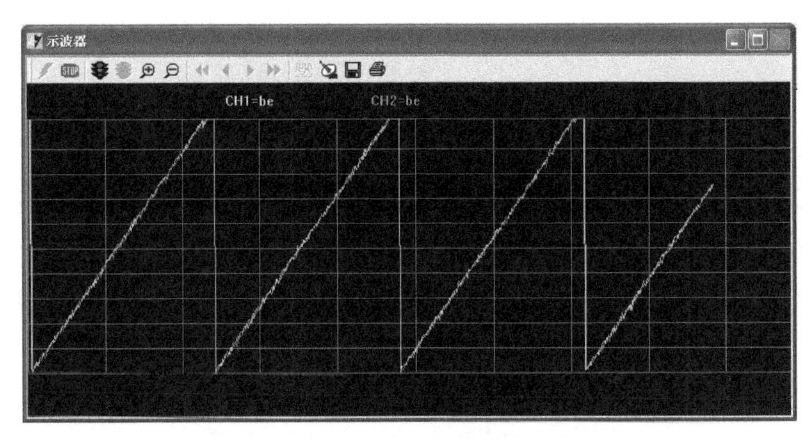

图 3-60 DA0832 产生锯齿波实验结果图

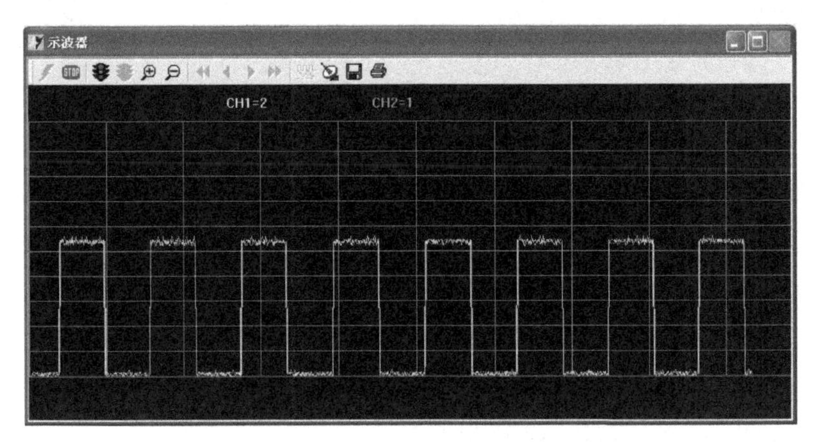

图 3-61 DA0832 产生方波实验结果图

第 4 章　硬件拓展实验

硬件拓展实验是在学习完基础实验后，学习利用接口芯片驱动扬声器发声、控制步进电机运转、控制液晶 LCD 的显示等，培养学生对接口芯片的实际运用和编程能力。要求学生完成接口电路的设计与连接、实验程序的编写与调试，直至实现题目所规定的全部功能。

4.1　电子发声实验

1．实验目的

学习用 8254 定时器/计数器使蜂鸣器发声的编程方法。

2．实验设备

（1）微型计算机 1 台。
（2）TD-PITE 微机接口实验系统 1 套。

3．预习要求

（1）阅读本实验教程及相关教材。
（2）复习 8254 的功能和编程方法，阅读理解实验中的电子发声原理。
（3）预习实验提示及相关知识点中的内容。
（4）按实验题目要求，根据参考流程图在实验前编写好相应的源程序。

4．实验内容和要求

根据实验提供的音乐频率表和时间表，编写程序控制 8254，使其输出连接到扬声器上能发出相应的乐曲。

5．实验原理

一个音符对应一个频率，将对应一个音符频率的方波通到扬声器上，就可以发出这个音符的声音。将一段乐曲的音符对应频率的方波依次送到扬声器，就可以演奏出这段乐曲。

表 4-1　音符与频率对照表（单位：Hz）

声符 音调	1̣	2̣	3̣	4̣	5̣	6̣	7̣
A	221	248	278	294	330	371	416
B	248	278	312	330	371	416	467
C	131	147	165	175	196	221	248

续表

声符 / 音调	$\underset{\cdot}{1}$	$\underset{\cdot}{2}$	$\underset{\cdot}{3}$	$\underset{\cdot}{4}$	$\underset{\cdot}{5}$	$\underset{\cdot}{6}$	$\underset{\cdot}{7}$
D	147	165	185	196	221	248	278
E	165	185	208	221	248	278	312
F	175	196	221	234	262	294	330
G	196	221	248	262	294	330	371

音符 / 音调	1	2	3	4	5	6	7
A	441	495	556	589	661	742	833
B	495	556	624	661	742	833	935
C	262	294	330	350	393	441	495
D	294	330	371	393	441	495	556
E	330	371	416	441	495	556	624
F	350	393	441	467	525	589	661
G	393	441	495	525	589	661	742

音符 / 音调	$\dot{1}$	$\dot{2}$	$\dot{3}$	$\dot{4}$	$\dot{5}$	$\dot{6}$	$\dot{7}$
A	882	990	1112	1178	1322	1484	1665
B	990	1112	1248	1322	1484	1665	1869
C	525	589	661	700	786	882	990
D	589	661	742	786	882	990	1112
E	661	742	833	882	990	1112	1248
F	700	786	882	935	1049	1178	1322
G	786	882	990	1049	1178	1322	1484

利用 8254 的方式 3——“方波发生器”，将相应一种频率的计数初值写入计数器，就可产生对应频率的方波。计数初值的计算如下：

计数初值=输入时钟÷输出频率

例如，输入时钟采用系统总线上的 CLK（1MHz），要得到 800Hz 的频率，计数初值即为 1000000÷800。音符与频率对照关系见表 4-1。对于每一个音符的演奏时间，可以通过软件延时来处理。首先确定单位延时时间程序（这个要微机的 CPU 频率作相应的调整），然后确定每个音符演奏需要几个单位时间。

对于汇编语言，可将这个值送入 DL 中，调用 DALLY 子程序即可实现，如下所示。

```
DALLY PROC                    ;单位延时时间
D0:    MOV CX, 0010H
D1:    MOV AX, 0F00H
D2:    DEC AX
```

```
JNZ D2
LOOP D1
RET
DALLY ENDP

DALLY PROC                              ; N 个单位延时时间（N 送至 DL）
D0:   MOV CX, 0010H
D1:   MOV AX, 0F00H
D2:   DEC AX
      JNZ D2
      LOOP D1
      DEC DL
      JNZ D0
      RET
DALLY ENDP
```

下面提供了乐曲《友谊地久天长》的频率表和时间表。频率表是将曲谱中的音符对应的频率值依次记录下来（B 调、四分之二拍），时间表是将各个音符发音的相对时间记录下来（由曲谱中节拍得出）。汇编语言的频率和时间表如下：

```
DATA SEGMENT
FREQ_LIST DW  371,495,495,495,624,556,495,556,624           ;频率表
          DW  495,495,624,742,833,833,833,742,624
          DW  624,495,556,495,556,624,495,416,416,371
          DW  495,833,742,624,624,495,556,495,556,833
          DW  742,624,624,742,833,990,742,624,624,495
          DW  556,495,556,624,495,416,416,371,495,0
TIME_LIST DB   4,  6,  2,  4,  4,  6,  2,  4,  4           ;时间表
          DB   6,  2,  4,  4, 12,  1,  3,  6,  2
          DB   4,  4,  6,  2,  4,  4,  6,  2,  4,  4
          DB  12,  4,  6,  2,  4,  4,  6,  2,  4,  4
          DB   6,  2,  4,  4, 12,  4,  6,  2,  4,  4
          DB   6,  2,  4,  4,  6,  2,  4,  4, 12
DATA      ENDS
```

频率表和时间表是一一对应的，频率表的最后一项为 0，作为重复的标志。根据频率表中的频率算出对应的计数初值，然后依次写入 8254 的计数器。将时间表中相对时间值带入延时程序来得到音符演奏时间。实验参考程序流程如图 4-1 所示。

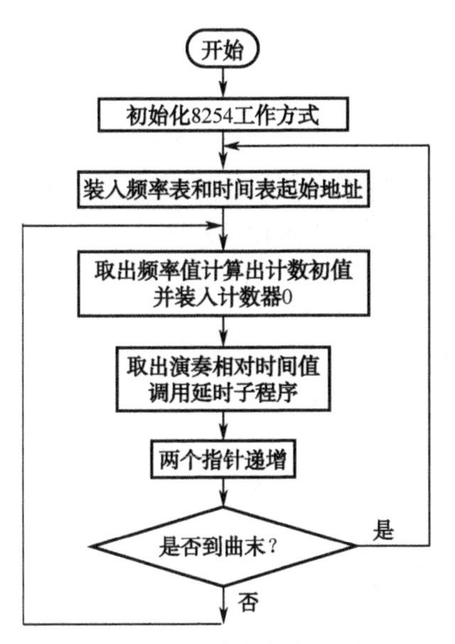

图 4-1　实验参考流程图

电子发声单元电路图如图 4-2 所示。

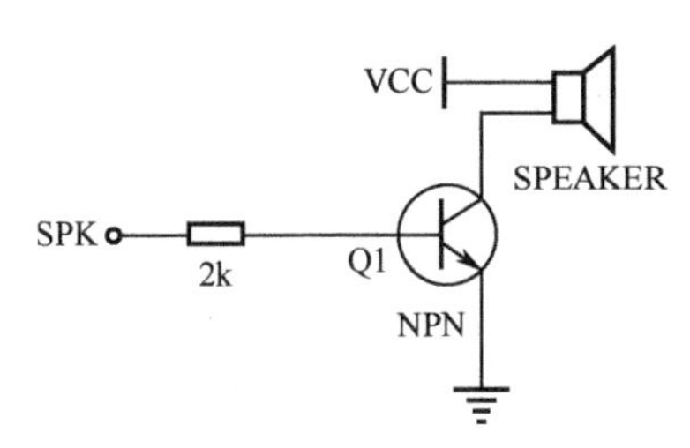

图 4-2　电子发声单元电路图

6. 实验步骤

（1）确认从 PC 引出的串口通信电缆已经连接在实验台上。

（2）参考图 4-3 所示连接实验线路，打开实验台电源。

（3）打开 Wmd86 软件，编写实验程序，经编译、链接无误后装入系统。

（4）运行程序，听扬声器发出的音乐是否正确，验证程序功能。

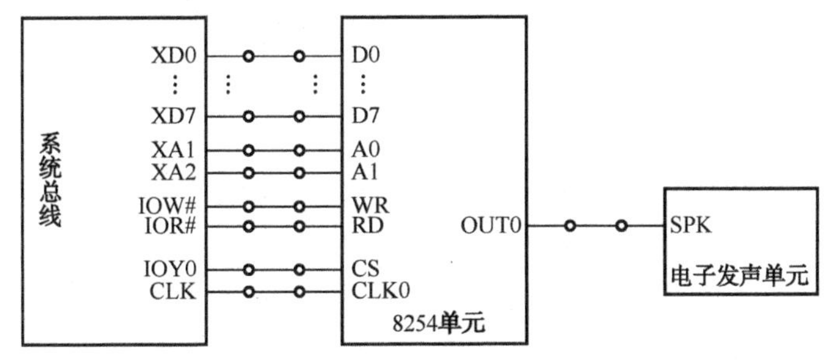

图 4-3　电子发声实验接线图

7．实验提示

蜂鸣器按其是否带有信号源又分为有源蜂鸣器（内部带振荡源）和无源蜂鸣器（内部不带振荡源）两种类型。有源蜂鸣器直接接上额定电源就可连续发声，而无源则需要在其供电端上加上高低不断变化的电信号才可以驱动发出声音，这里用的是无源蜂鸣器，需要通过计数器/定时器 8254 输出一定频率的波形（如方波）才能发声。

4.2　键盘扫描及数码管显示实验

1．实验目的

（1）学习键盘扫描及数码显示的基本原理及电路接法。
（2）掌握利用 8255 完成键盘扫描及显示。

2．实验设备

（1）微型计算机 1 台。
（2）TD-PITE 微机接口实验系统 1 套。

3．预习要求

（1）阅读本实验教程及相关教材。
（2）复习 8255 并行接口的工作原理和初始化方法。
（3）预习实验台上键盘和数码管的工作原理。
（4）预习实验提示及相关知识点中的内容。
（5）按实验题目要求，根据参考流程图在实验前编写好相应的源程序。

4．实验内容和要求

将 8255 单元与键盘及数码管显示单元连接，编写实验程序，扫描键盘输入，并将扫描结果送数码管显示。实验具体内容如下：将键盘进行编号，记作 0～F，当按下其中一个按键时，将该按键对应的编号在一个数码管上显示出来，当再按下一个按键时，便将这个按键的编号在下一个数码管上显示出来，数码管上可以显示最近 4 次按下的按键编号。

5．实验原理

键盘采用 4×4 键盘，每个数码管显示值可为 0～F 共 16 个数。键盘及数码管显示单元电路如图 4-4 所示。实验参考接线图如图 4-5 所示。

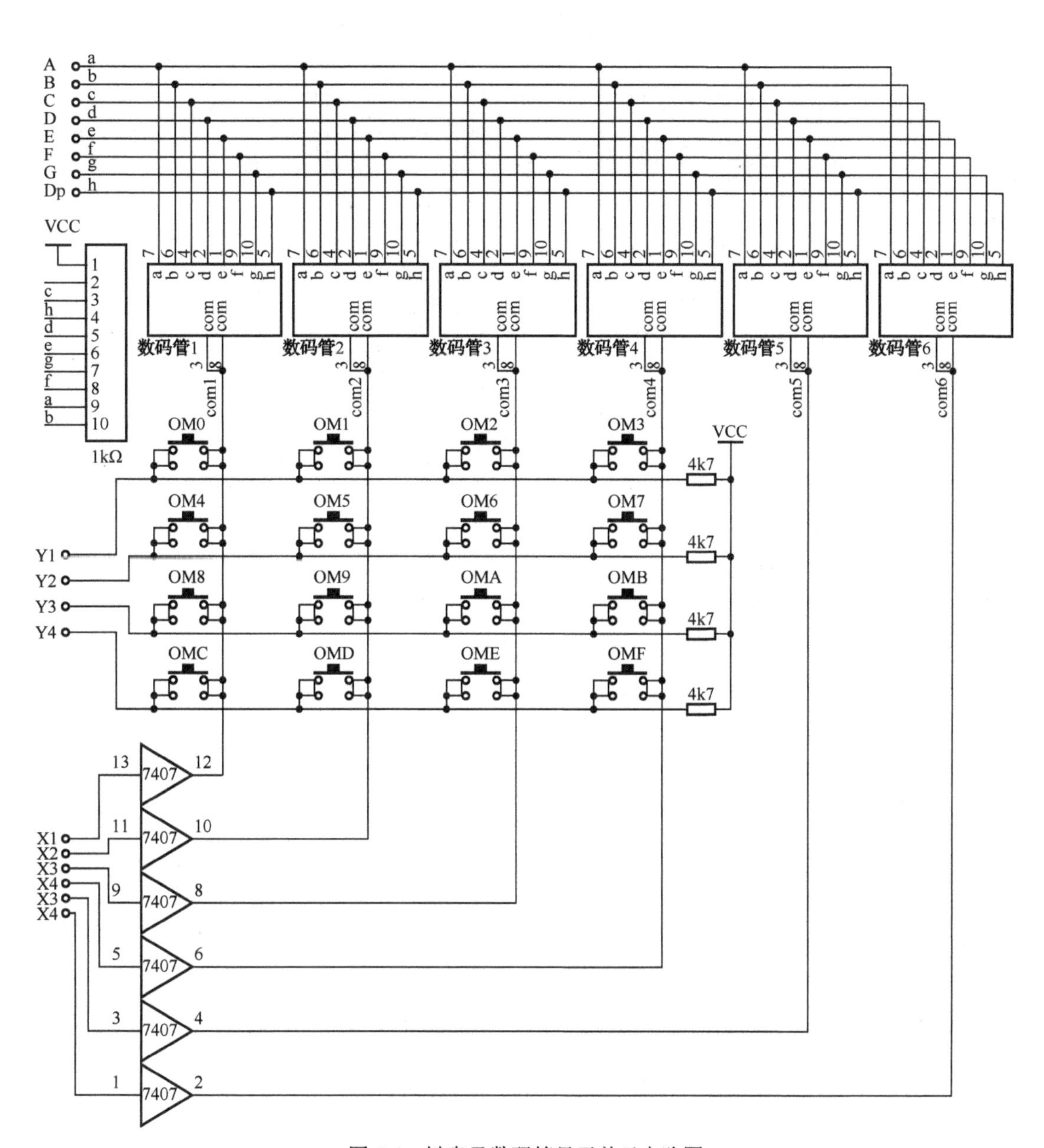

图 4-4 键盘及数码管显示单元电路图

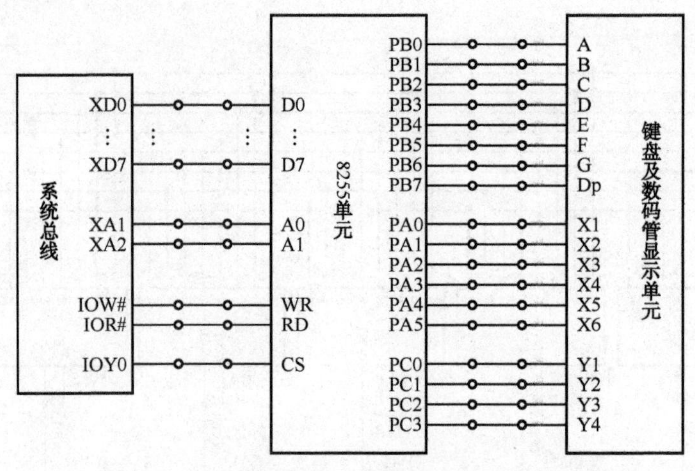

图 4-5　8255 键盘扫描及数码管显示实验线路图

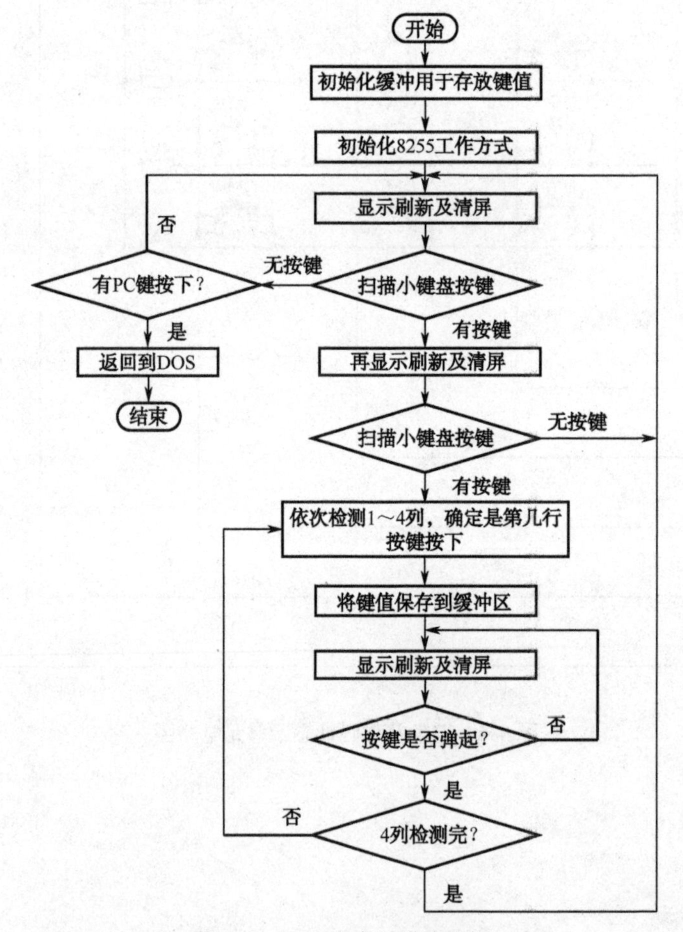

图 4-6　8255 参考程序流程图

6. 实验步骤

（1）确认从PC引出的串口通信电缆已经连接在实验台上。
（2）参考图4-5所示连接实验线路，打开实验台电源。
（3）打开Wmd86软件，编写实验程序，检查无误后编译、链接并装入系统。
（4）运行程序，按下按键，观察数码管的显示，验证程序功能。

7. 实验提示

在键盘及数码管显示单元电路图中，4个共阴极数码管的公共端与键盘的4根列线共用，编程时，注意引起信号串扰。

4.3 点阵LED显示实验

1. 实验目的

（1）了解LED点阵的基本结构和原理。
（2）掌握微机控制LED点阵扫描显示程序的设计方法。

2. 实验设备

（1）微型计算机1台。
（2）TD-PITE微机接口实验系统1套。

3. 预习要求

（1）阅读本实验教程及相关教材。
（2）了解实验台上LED点阵的显示原理、字符提取方法。
（3）预习实验提示及相关知识点中的内容。
（4）按实验题目要求在实验前编写好相应的源程序。

4. 实验内容和要求

编写程序，控制LED点阵向上滚动显示“微机原理与接口技术实验！”字幕。

5. 实验原理

TD-PITE微机实验系统中的16×16 LED点阵由四块8×8 LED点阵组成，如图4-7所示。8×8点阵内部结构图如图4-8所示。由图4-8可知，当行为“0”，列为“1”，则对应行、列上的LED点亮。图4-9为8×8点阵外部引脚图。16×16点阵汉字显示如图4-10所示。

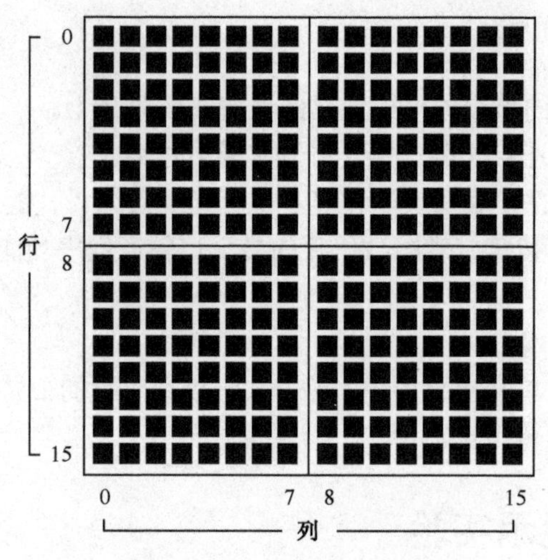

图 4-7　16×16 点阵示意图

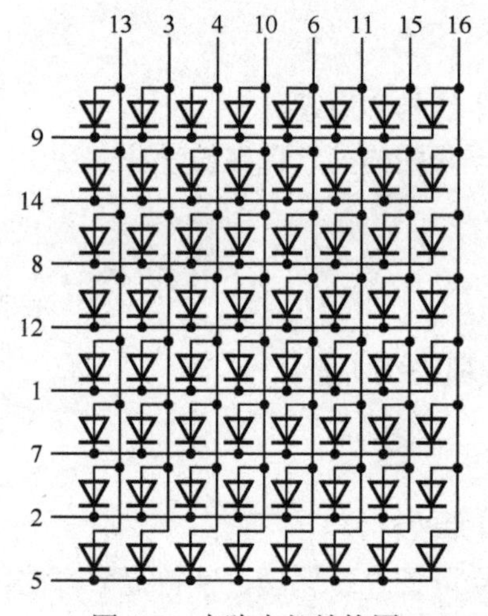

图 4-8　点阵内部结构图

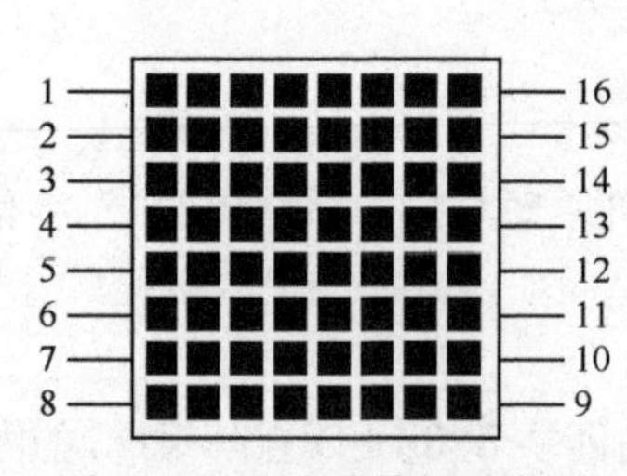

图 4-9　8×8 点阵外部引脚图

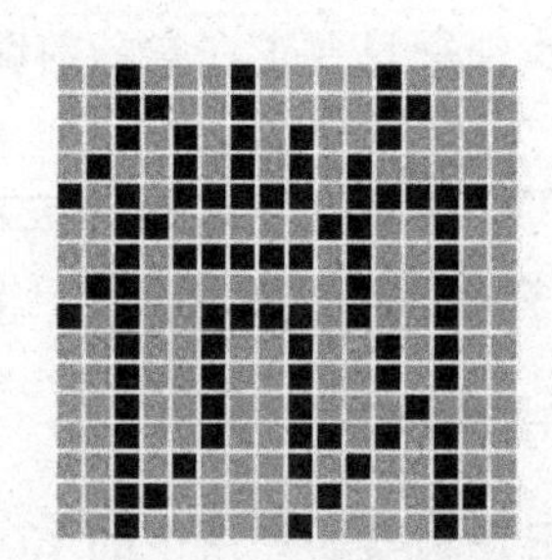

图 4-10　16×16 点阵显示示例

点阵实验单元电路图如图 4-11 所示。由于 2803 输出反向，所以行为 1、列为 0 时对应点的 LED 点亮。

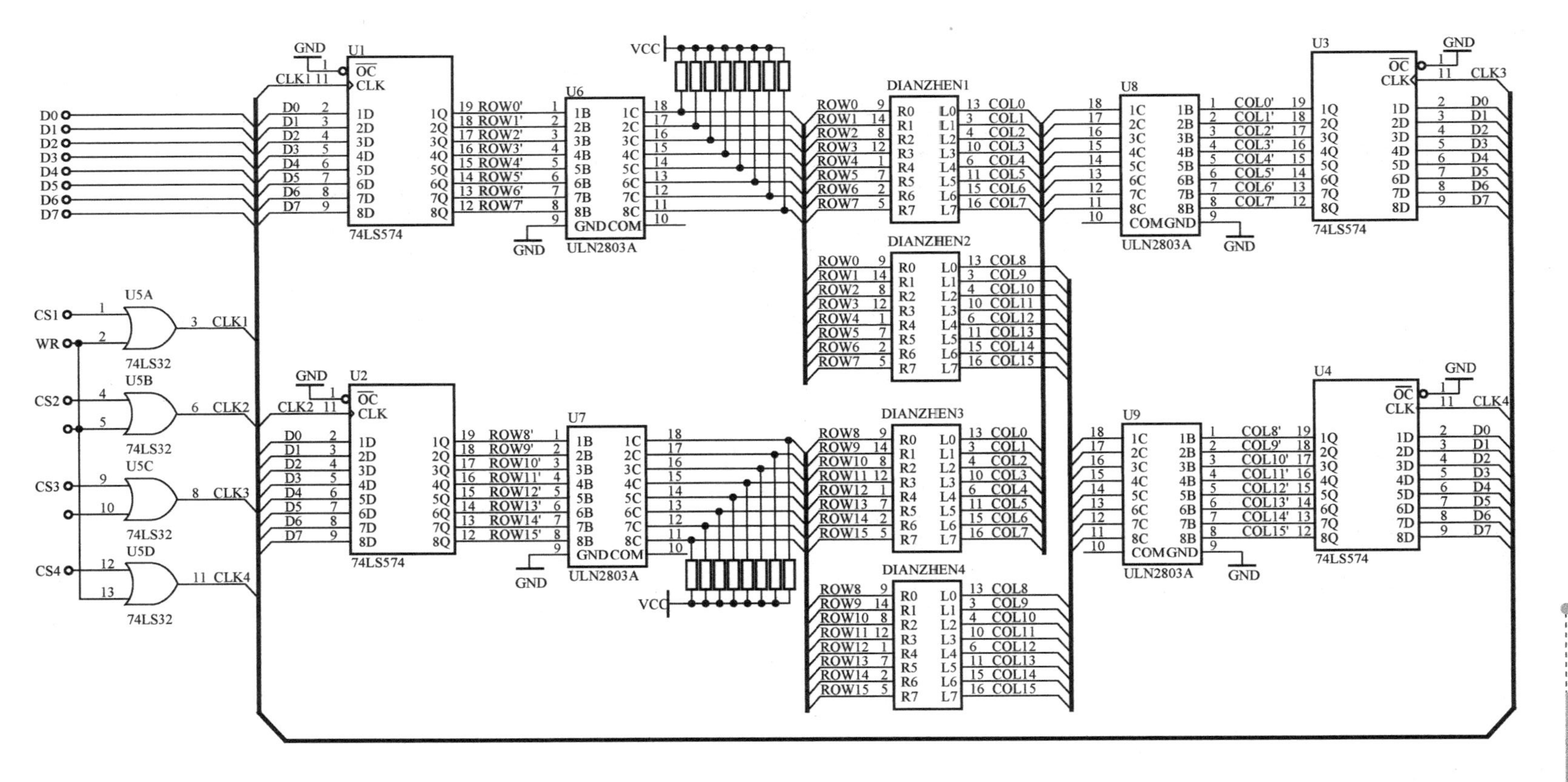

图4-11 点阵LED实验单元电路图

点阵 LED 显示实验接线图如图 4-12 所示。

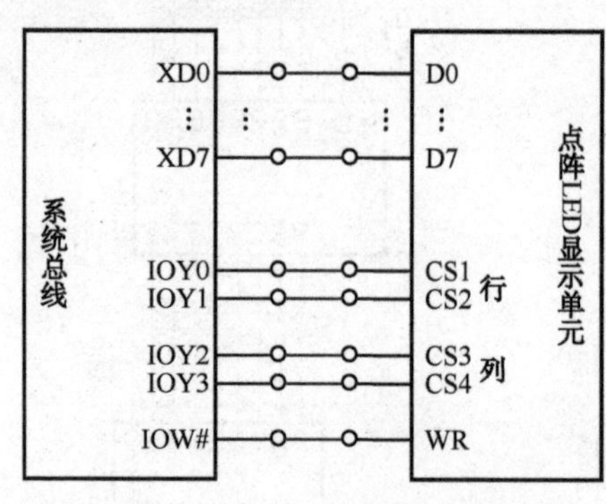

图 4-12　点阵 LED 显示实验接线图

6．实验步骤

（1）确认从 PC 引出的串口通信电缆已经连接在实验台上。

（2）参考图 4-12 所示连接实验线路，打开实验台电源。

（3）打开 Wmd86 软件，编写实验程序，检查无误后，编译、链接并装入系统。

（4）运行实验程序，观察点阵 LED 的显示，验证程序功能。

（5）可以自己设计实验，使点阵显示不同的符号。

使用点阵显示符号时，必须首先得到显示符号的编码，这可以根据需要通过不同的工具获得。在本例子中，我们首先得到了显示汉字的字库文件，然后将该字库文件修改后包含到主文件中。具体参考本节后面的“字符提取方法”。

7．实验提示

点阵字符设计根据 16×16 点阵中文字库文件，字的横向 8 点构成一字节，左边点在字节的低位，字符点阵四角按左上角→右上角→左下角→右下角取字。需要注意的是，初始化的时候，LED 是从右往左顺序，因此，写字节的时要注意是从右往左写。

8．字符提取方法

（1）这里选用 HZDotReader 软件生成字符编码，将 HZDotReader 文件夹复制到硬盘上，然后双击文件 HZDotReader.exe 运行程序。

（2）在“设置”下拉菜单中选择“取模字体”选项，设置需要显示汉字的字体。

（3）在“设置”下拉菜单中选择“取模方式”选项，出现窗口如图 4-14 所示，即以横向 8 个连续点构成一个字节，最左边的点为字节的最低位，即 BIT0，最右边的点为 BIT7。16×16 汉字按每行 2 字节，共 16 行取字模，每个汉字共 32 字节，点阵四个角取字顺序为左上角→右上角→左下角→右下角。

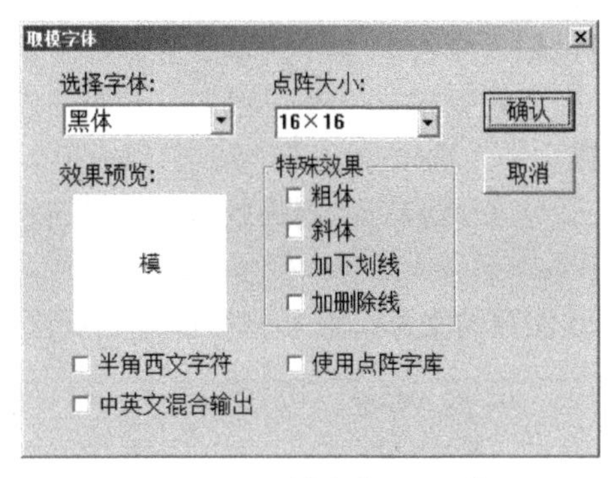

图 4-13 “取模字体”对话框

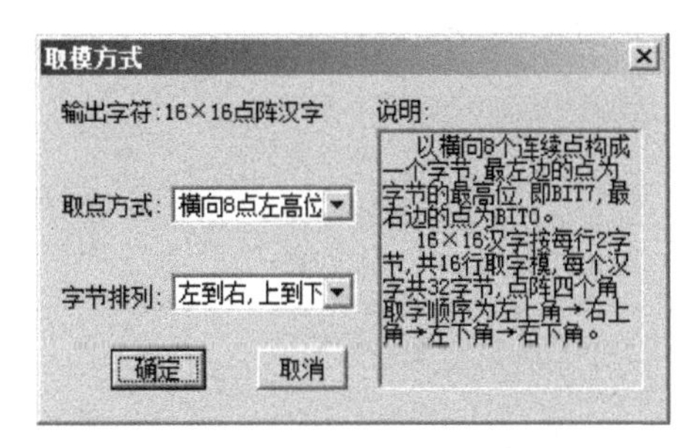

图 4-14 “取模方式”对话框

（4）在“设置”下拉菜单中选择“输出设置”选项，以设置输出格式，可以为汇编格式或 C 语言格式，根据实验程序语言而定，如图 4-15 所示。

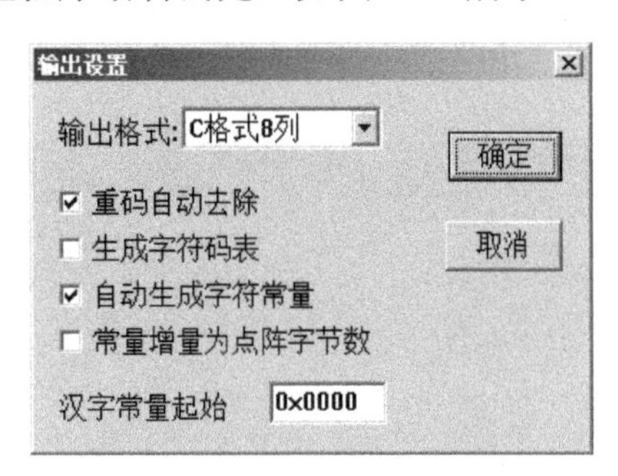

图 4-15 “输出设置”对话框

（5）单击字按钮，弹出“字符输入”对话框，输入“微机原理与接口技术点阵实验!”，如图 4-16 所示，然后单击“输入”按钮。

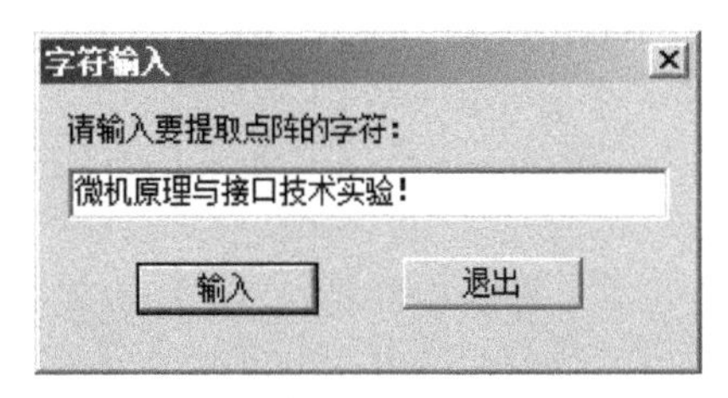

图 4-16 “字符输入”对话框

（6）字符输入后，可得到输入字符的点阵编码以及对应汉字的显示，如图 4-17 所示。此时可以对点阵进行编辑，方法是右键单击某一汉字，此时该汉字的编码反蓝，然后单击“编辑”下拉菜单中的“编辑点阵”选项来编辑该汉字，如图 4-18 所示。鼠标左键为点亮某点，鼠标右键为取消某点。若无需编辑，则进行保存，软件会将此点阵文件保存为 dot 格式。

（7）使用 Word 软件打开保存的文件，然后将字库复制到自己的程序中使用。

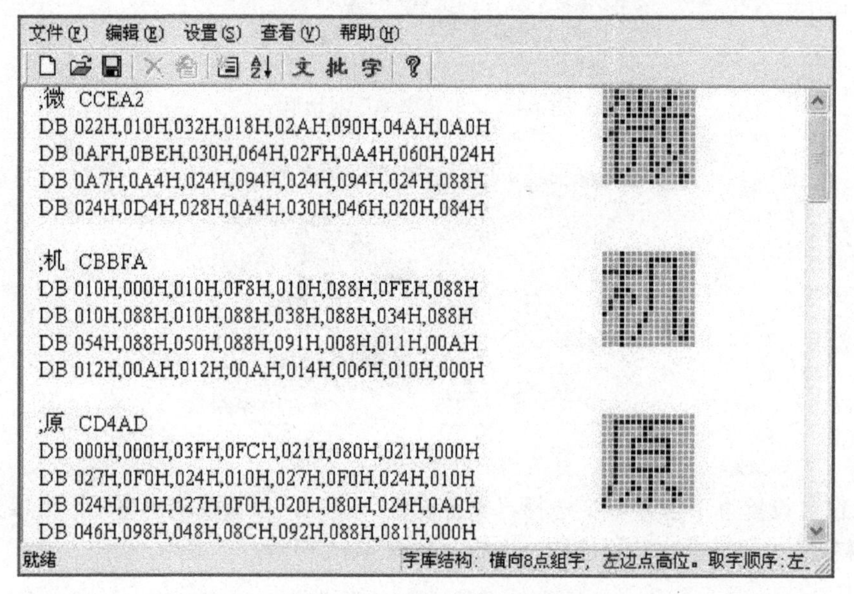

图 4-17 “字模生成”窗口

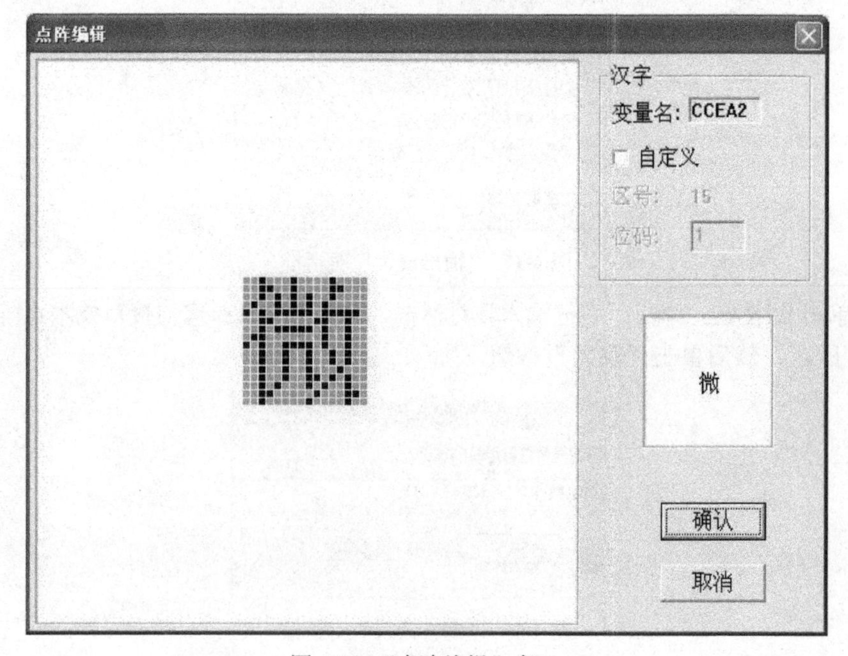

图 4-18 “点阵编辑”窗口

4.4 图形液晶显示实验

1. 实验目的

（1）学习图形 LCD 的编程操作方法。
（2）学会用 8255 控制图形 LCD 的显示。

2. 实验设备

（1）微型计算机 1 台。
（2）TD-PITE 微机接口实验系统 1 套。
（3）LCD 图形点阵液晶 1 块。

3. 预习要求

（1）阅读本实验教程及相关教材。
（2）复习 8255 并行接口的工作原理和初始化方法。
（3）预习 128×64 液晶模块的指令格式和写指令、写数据的时序流程。
（4）预习实验提示及相关知识点中的内容。
（5）按实验题目要求在实验前编写好相应的源程序。

4. 实验内容和要求

编写实验程序，通过 8255 控制液晶，显示“微机原理与接口技术实验！”字符串，并使该字串滚屏一周。本实验使用的是 128×64 图形点阵液晶。

5. 实验原理

（1）液晶模块的接口信号及工作时序

该图形液晶内置有控制器，这使得液晶显示模块的硬件电路简单化，它与 CPU 连接的信号线如下。

CS1、CS2：片选信号，低电平有效。

E：使能信号。

RS：数据和指令选择信号，RS=1 为 RAM 数据，RS=0 为指令数据。

R/W：读/写信号，R/W=1 为读操作，R/W=0 为写操作。

D7～D0：数据总线。

LT：背景灯控制信号，LT=1 时打开背景灯，LT=0 时关闭背景灯。

该液晶的时序参数说明见表 4-2，读、写时序图分别如图 4-19 和图 4-20 所示。

表 4-2　时序参数说明

特性曲线	助记符	最小值	典型	最大值	单位
E 周期	tcyc	1000	—	—	ns
E 高电平宽度	twhE	450	—	—	ns
E 低电平宽度	twlE	450	—	—	ns
E 上升时间	tr	—	—	25	ns
E 下降时间	tf	—	—	25	ns
地址建立时间	tas	140	—	—	ns
地址保持时间	tah	10	—	—	ns
数据建立时间	tdsw	200	—	—	ns
数据延迟时间	tddr	—	—	320	ns
数据保持时间（写）	tdhw	10	—	—	ns
数据保持时间（读）	tdhr	20	—	—	ns

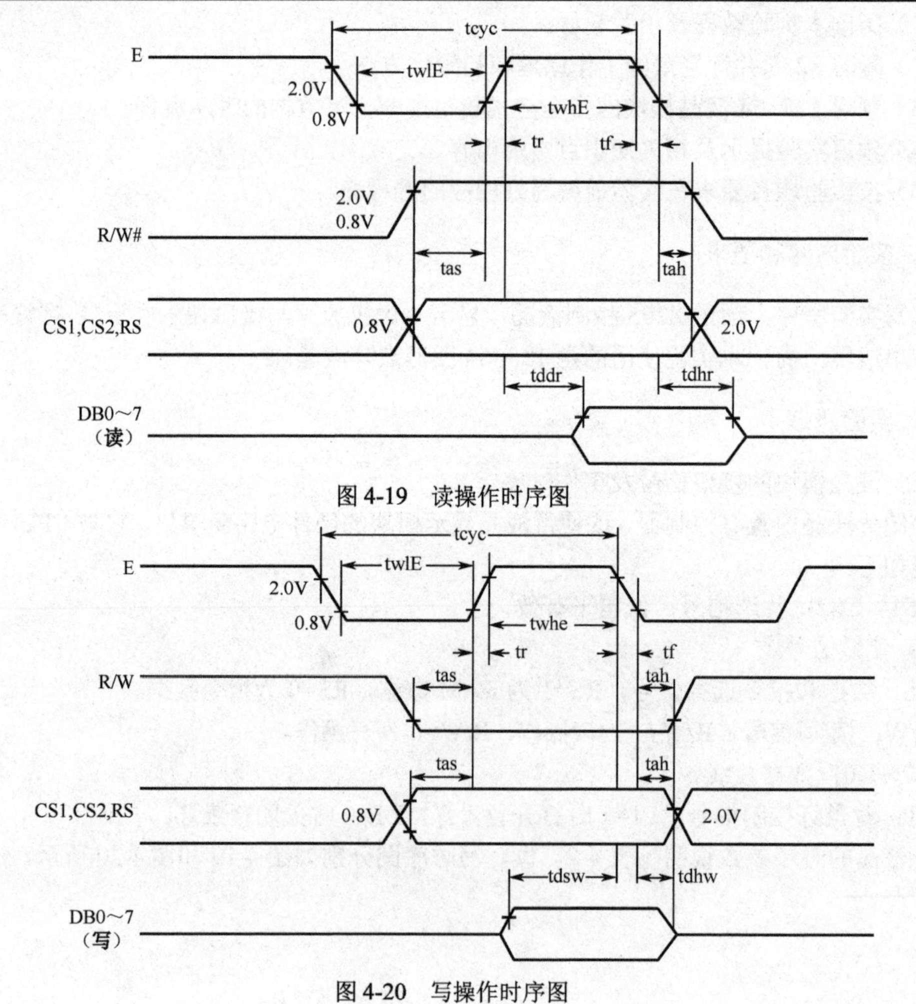

图 4-19　读操作时序图

图 4-20　写操作时序图

（2）显示控制指令

显示控制指令控制着液晶控制器的内部状态，具体见表4-3。

表4-3 显示控制命令列表

指令	RS	R/W	DB7	DB6	DB5	DB4	DB3	DB2	DB1	DB0
显示开/关	0	0	0	0	1	1	1	1	1	0/1
设置地址（Y地址）	0	0	0	1	Y地址（0～63）					
设置页（X地址）	0	0	1	0	1	1	1	页（0～7）		
显示起始行（Z地址）	0	0	1	1	显示起始行（0～63）					
状态读	0	1	忙	0	开/关	复位	0	0	0	0
写显示数据	1	0	写数据							
读显示数据	1	1	读数据							

① 显示开/关。

格式

RS	R/W	DB7	DB6	DB5	DB4	DB3	DB2	DB1	DB0
0	0	0	0	1	1	1	1	1	D

该指令设置显示开/关触发器的状态，当D=1为显示数据，当D=0为关闭显示设置。

② 设置地址（Y地址）。

格式

RS	R/W	DB7	DB6	DB5	DB4	DB3	DB2	DB1	DB0
0	0	0	1	AC5	AC4	AC3	AC2	AC1	AC0

该指令用以设置Y地址计数器的内容，AC5～AC0=0～63代表某一页面上的某一单元地址，随后的一次读或写数据将在这个单元上进行。Y地址计数器具有自动加一功能，在每次读或写数据后它将自动加一，所以在连续读写数据时，Y地址计数器不必每次设置一次。

③ 设置页（X地址）。

格式

RS	R/W	DB7	DB6	DB5	DB4	DB3	DB2	DB1	DB0
0	0	1	0	1	1	1	AC2	AC1	AC0

该指令设置页面地址寄存器的内容。显示存储器共分8页，指令代码中AC2～AC0用于确定当前所要选择的页面地址，取值范围为0～7，代表第1～8页。该指令指出以后的读/写操作将在哪一个页面上进行。

④ 显示起始行（Z地址）。

格式

RS	R/W	DB7	DB6	DB5	DB4	DB3	DB2	DB1	DB0
0	0	1	1	L5	L4	L3	L2	L1	L0

该指令设置了显示起始行寄存器的内容。此液晶共有64行显示的管理能力，指令中的L5～L0为显示起始行的地址，取值为0～63，规定了显示屏上最顶一行所对应的显示存储器的行地址。若等时间、等间距地修改显示起始行寄存器的内容，则显示屏将呈现显示内容向上或向下滚动的显示效果。

⑤ 状态读。

格式

RS	R/W	DB7	DB6	DB5	DB4	DB3	DB2	DB1	DB0
0	1	忙	0	开/关	复位	0	0	0	0

状态字是CPU了解液晶当前状态的唯一信息渠道。共有3位有效位，说明如下。

忙：表示当前液晶接口控制电路运行状态。当忙位为1表示正在处理指令或数据，此时接口电路被封锁，不能接受除读状态字以外的任何操作。当忙位为0时，表明接口控制电路已准备好等待CPU的访问。

开/关：表示当前的显示状态。为1表示关显示状态，为0表示开显示状态。

复位：为1表示系统正处于复位状态，此时除状态读可被执行外，其他指令不可执行，此位为0表示处于正常工作状态。

在指令设置和数据读/写时要注意状态字中的忙标志。只有在忙标志为0时，对液晶的操作才能有效。所以在每次对液晶操作前，都要读出状态字判断忙标志位，若不为0则需要等待，直到忙标志为0为止。

⑥ 写显示数据。

格式

RS	R/W	DB7	DB6	DB5	DB4	DB3	DB2	DB1	DB0
1	0	D7	D6	D5	D4	D3	D2	D1	D0

该操作将8位数据写入先前确定的显示存储单元中。操作完成后列地址计数器自动加一。

⑦ 读显示数据。

格式

RS	R/W	DB7	DB6	DB5	DB4	DB3	DB2	DB1	DB0
1	1	D7	D6	D5	D4	D3	D2	D1	D0

该操作将读出显示数据RAM中的数据，然后列地址计数器自动加一。

（3）液晶显示单元电路图

液晶显示单元电路如图4-21所示，调节10kΩ微调可以改变液晶显示的对比度。

6．实验步骤

（1）确认从PC引出的串口通信电缆已经连接在实验台上。

（2）参考图4-22所示连接实验线路，打开实验台电源。

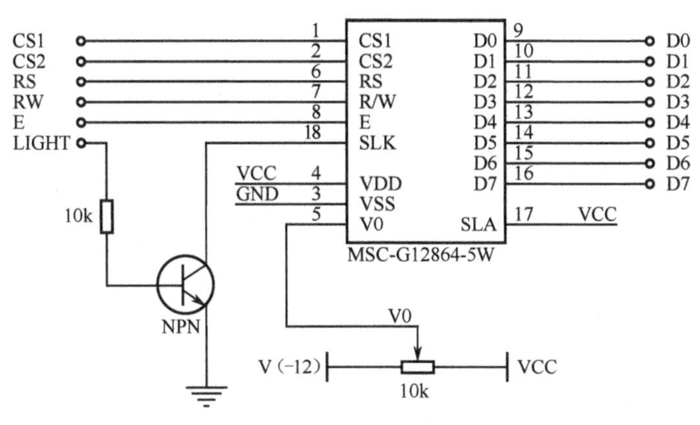

图 4-21 液晶显示单元电路图

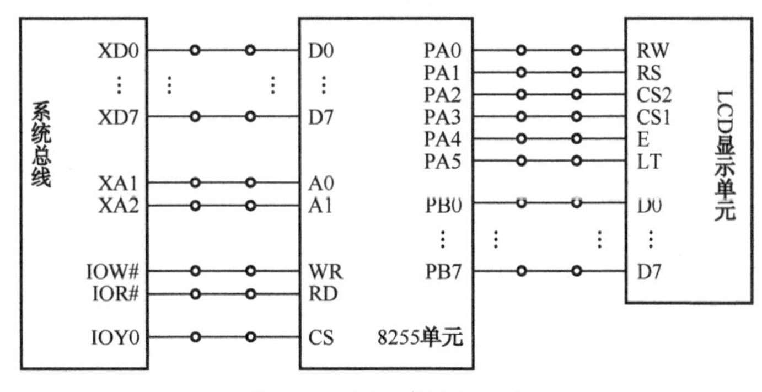

图 4-22 液晶实验线路图

（3）得到需显示汉字或图形的显示数据，这里需要得到“微机原理与接口技术实验！”的字模。

（4）打开 Wmd86 软件，编写实验程序，编译、链接无误后装入系统。

（5）运行实验程序，观察 LCD 屏幕上显示是否正确，验证程序功能。

7. 实验提示

连接液晶显示器 LCD 时，由于连线较多，因此注意确保各连线的连接正确。对于数据线、控制信号线和电源线，最好能通过不同颜色的线进行区分。

4.5 步进电机控制实验

1. 实验目的

（1）了解步进电机控制的基本原理，掌握步进电机的控制方法。

（2）进一步学习 8255 的使用，掌握使用 8255 控制步进电机的编程方法。

2. 实验设备

（1）微型计算机 1 台。

（2）TD-PITE 微机接口实验系统 1 套。

3. 预习要求

（1）阅读本实验教程及相关教材。

（2）复习 8255 并行接口的工作原理和初始化方法。

（3）了解步进电机的工作原理以及实验电路和实验要求。

（4）预习实验提示及相关知识点中的内容。

（5）按实验题目要求，根据流程图在实验前编写好相应的源程序。

4. 实验内容和要求

学习步进电机的控制方法，编写实验程序，利用 8255 的 B 口来控制步进电机的运转。

5. 实验原理

使用开环控制方式能对步进电机的转动方向、速度和角度进行调节。所谓步进，就是指每给步进电机一个递进脉冲，步进电机各绕组的通电顺序就改变一次，即电机转动一次。根据步进电机控制绕组的多少可以将电机分为三相、四相和五相。

本实验系统所采用的步进电机为四相八拍电机。

励磁线圈如图 4-23 所示，励磁顺序见表 4-4。

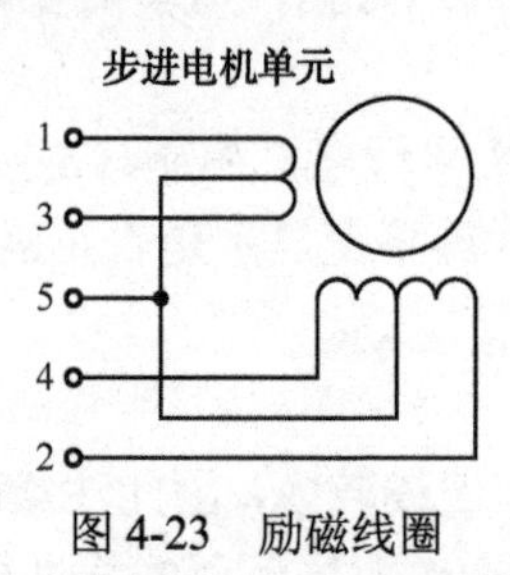

图 4-23　励磁线圈

表 4-4　励磁顺序

	步序							
	1	2	3	4	5	6	7	8
5	+	+	+	+	+	+	+	+
4	–	–						–
3		–	–	–				
2				–	–	–		
1						–	–	–

实验中 PB 端口各线的电平在各步中的情况见表 4-5。

表 4-5　8255B 口控制信号关系表

步序	PB3	PB2	PB1	PB0	对应 B 口输出值
1	0	0	0	1	01H
2	0	0	1	1	03H
3	0	0	1	0	02H
4	0	1	1	0	06H
5	0	1	0	0	04H
6	1	1	0	0	0CH
7	1	0	0	0	08H
8	1	0	0	1	09H

驱动电路原理图如图 4-24 所示。实验接线图如图 4-25 所示。

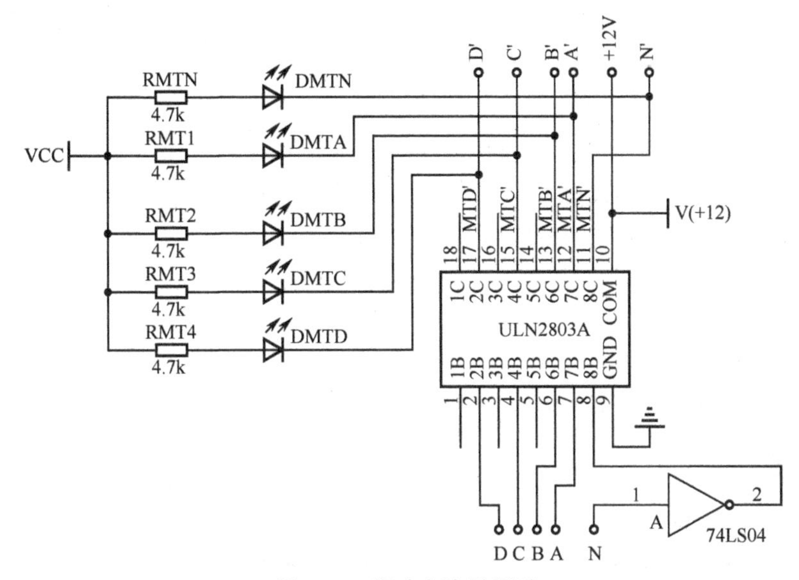

图 4-24　驱动电路原理图

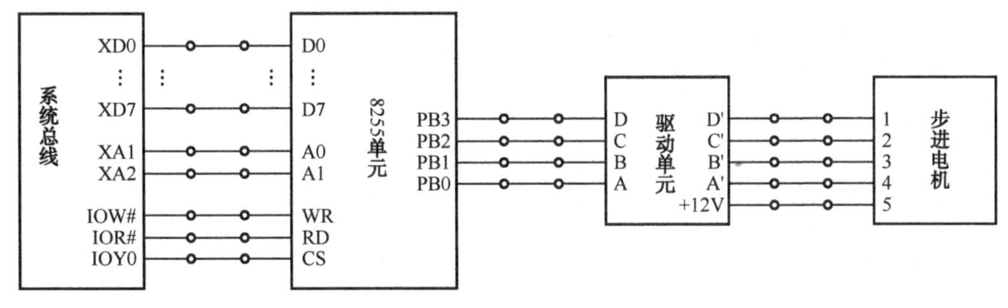

图 4-25　步进电机实验参考接线图

6．实验步骤

（1）确认从 PC 引出的串口通信电缆已经连接在实验台上。
（2）参考图 4-25 所示连接实验线路，打开实验台电源。
（3）打开 Wmd86 软件，编写实验程序，编译、链接无误后装入系统。
（4）运行程序，观察步进电机的转动情况，验证程序功能。
注意：步进电机不使用时请断开连接器，以免误操作使电机过热损坏。

7．实验提示

电机旋转的角度正比于脉冲数，因此，可通过调节脉冲的频率来调节步进电机得转速，即速度正比于脉冲频率。此外，步进电机如果控制不当容易产生共振，因此，步进电机最好不使用整步状态，整步状态时振动大。

4.6 直流电机控制实验

1．实验目的

（1）了解直流电机控制的基本方法。
（2）掌握 PID 控制规律及算法。
（3）了解微机在控制系统中的应用。

2．实验设备

（1）微型计算机 1 台。
（2）TD-PITE 微机接口实验系统 1 套。

3．预习要求

（1）阅读本实验教程及相关教材。
（2）复习定时器/计数器 8254 以及并行接口 8255 的使用。
（3）了解 PID 控制基本原理及算法。
（4）预习实验提示及相关知识点中的内容。
（5）按实验题目要求，根据流程图在实验前编写好相应的源程序。

4．实验内容和要求

学习步进电机的控制方法，编写程序，运用 PID 算法实现直流电机的闭环调速，并利用专用图形工具观察实验结果。

5. 实验原理

(1) PID 控制介绍

PID 控制器（Proportion Integration Differentiation，比例-积分-微分控制器），由比例单元 P、积分单元 I 和微分单元 D 组成。通过比例 K_p，积分 K_i 和微分 K_d 三个参数的设定，实现对整个控制系统进行偏差调节，从而使被控变量的实际值与工艺要求的预定值一致。PID 控制器主要适用于基本线性和动态特性不随时间变化的系统。

$$u(t) = K_p e(t) + K_i \int_0^t e(\tau) \mathrm{d}\tau + K_d \frac{\mathrm{d}e(t)}{\mathrm{d}t}$$

式中，$u(t)$是控制律；$e(t)$是偏差。

通过比例 K_p 调节的作用，按比例反应系统的偏差 $e(t)$，系统一旦出现了偏差 $e(t)$，比例 K_p 调节立即产生调节作用以减少偏差 $e(t)$。比例系数 K_p 越大，可以加快调节，减少误差，但是过大的比例，使系统的稳定性下降，容易造成振荡甚至造成系统的不稳定。通过积分 K_i 的调节作用，使系统消除稳态误差，提高无差度。加入积分调节可使系统稳定性下降，动态响应变慢。通过微分 K_d 调节作用，反映系统偏差信号 $e(t)$的变化率，具有预见性，能预见偏差变化的趋势，因此能产生超前的控制作用，在偏差 $e(t)$还没有形成之前，已被微分调节作用消除，因此，可以改善系统的动态性能。微分对噪声干扰有放大作用，因此过强的加微分调节，对系统抗干扰不利。

常用的 PID 控制算法有增量式控制算法和位置式控制算法，本实验中可采用增量式控制算法。

(2) 直流电机闭环调速控制

直流电机闭环调速实验原理如图 4-26 所示。

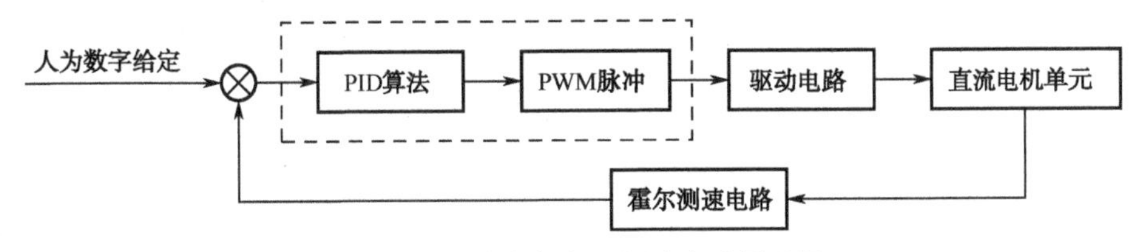

图 4-26 直流电机闭环调速实验原理图

如图 4-26 所示，人为数字给定直流电机转速，与霍尔测速得到的直流电机转速（反馈量）进行比较，其差值经过 PID 运算，将得到控制量并产生 PWM 脉冲，通过驱动电路控制直流电机的转动，构成直流电机闭环调速控制系统。

实验系统中直流电机电路原理图如图 4-27 所示。

6. 实验步骤

(1) 确认从 PC 引出的串口通信电缆已经连接在实验台上。

(2) 参考图 4-28 所示连接实验线路，打开实验台电源。

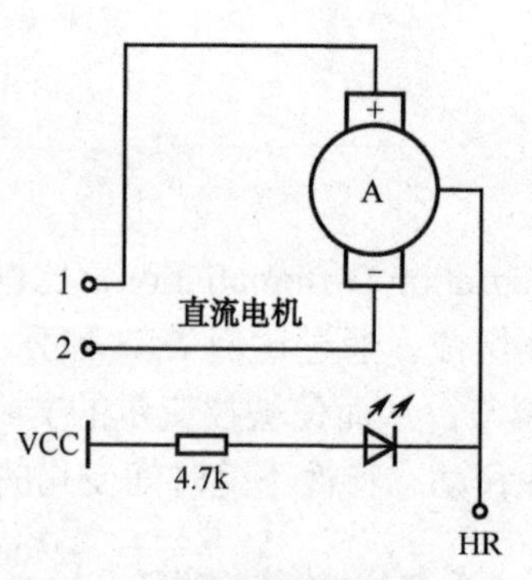

图 4-27　直流电机电路原理图

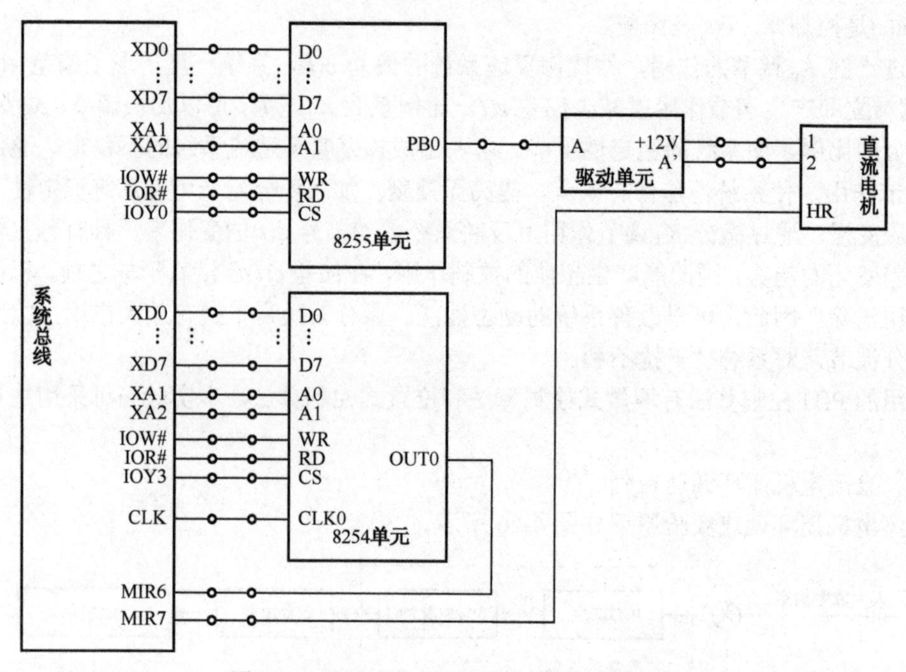

图 4-28　直流电机闭环调速实验参考接线图

（3）打开 Wmd86 软件，参考图 4-29 的流程图编写实验程序，实验参数取值范围见表 4-6，检查无误后编译、链接并装入系统。

（4）单击▣按钮，启动 Wmd86 软件专用图形界面。

（5）在专用图形界面中，单击▣按钮，运行程序，观察电机转速及示波器上给定值与反馈值的波形。

（6）单击▣按钮，暂停程序运行，根据实验波形分析直流电机的响应特性。

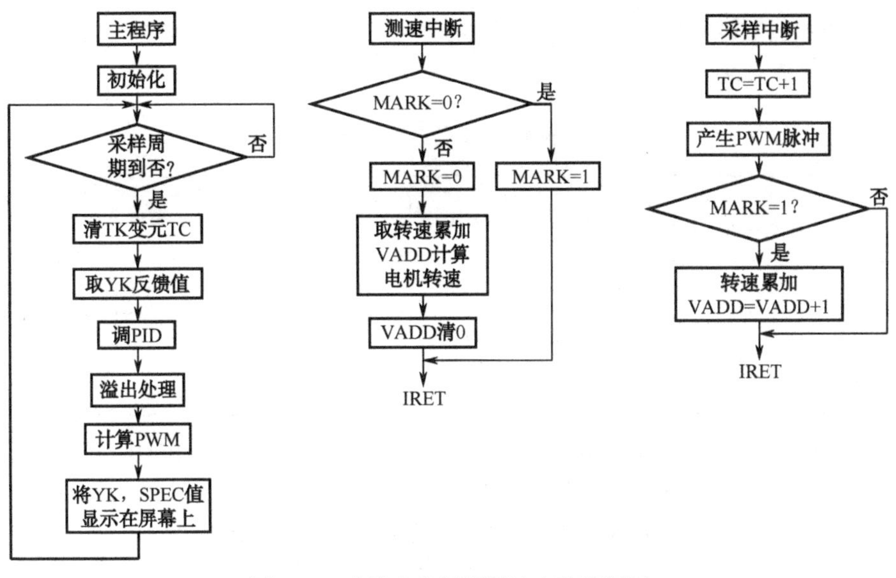

图 4-29 直流电机闭环调速实验流程图

表 4-6 实验程序参数表

符号	单位	取值范围	名称及作用
TS	MS	00H～FFH	采样周期：决定数据采集处理快慢程度
SPEC	N/s	06H～30H	给定：即要求电机达到的转速值
IBAND		0000H～007FH	积分分离值：PID 算法中积分分离值
KPP		0000H～1FFFH	比例系数：PID 算法中比例项系数值
KII		0000H～1FFFH	积分系数：PID 算法中积分项系数值
KDD		0000H～1FFFH	微分系数：PID 算法中微分项系数值
YK	N/s	0000H～0042H	反馈：通过霍尔元件反馈算出的电机转速反馈值
CK		00H～FFH	控制量：PID 算法产生用于控制的量
VADD		0000H～FFFFH	转速累加单元：记录霍尔输出脉冲用于转速计算
ZV		00H～FFH	转速计算变量
ZVV		00H～FFH	转速计算变量
TC		00H～FFH	采样周期变量
FPWM		00H～01H	PWM 脉冲中间标志位
CK_1		00H～FFH	控制量变量：记录上次控制量值
EK_1		0000H～FFFFH	PID 偏差：$E(K)$=SPEC(K)−YK(K)
AEK_1		0000H～FFFFH	$\Delta E(K)$=E(K)−$E(K-1)$
BEK		0000H～FFFFH	$\Delta E(K)=\Delta E(K)-\Delta E(K-1)$
AAAA		00H～FFH	用于 PWM 脉冲高电平时间计算
VAA		00H～FFH	AAAA 变量
BBB		00H～FFH	用于 PWM 脉冲低电平时间计算
VBB		00H～FFH	BBB 变量
MARK		00H～01H	
R0～R8		PID 计算用变量	

（7）改变参数 IBAND、KPP、KII、KDD 的值后再观察其响应特性，选择一组较好的控制参数并填入表 4-7。

表 4-7　实验选用数据

项　目 ＼ 参　数	IBAND	KPP	KII	KDD	超调	稳定时间<2%
1：例程中参数响应特性	0060H	1060H	0010H	0020H	15%	4.8 秒
2：去掉 IBAND	0000H	1060H	0010H	0020H		
3：自测一组较好参数						

注：实验中给定值、反馈值都为单极性，屏幕最底端对应值为 00H，最顶端对应值为 FFH。对于时间刻度值由于采样周期不同存在以下关系：

实际时间（s）=n（实际刻度值）×采样周期

控制量具有双极性，00H～7FH 为负值，80H～FFH 为正值。

直流电机闭环调速实验中，电机转速范围为 6～48rpm，即给定值 SPEC 范围在 06H～30H 之间。示例程序中给定 SPEC=30H 为 48rpm。TS = 14H，由于 8253 OUT2 接 IRQ6 中断为 1ms，故采样周期=14H×1ms=0.02s。如实际刻度值 n=100，则实际响应时间=0.02×100=2s。

实验现象结果如图 4-30 所示。

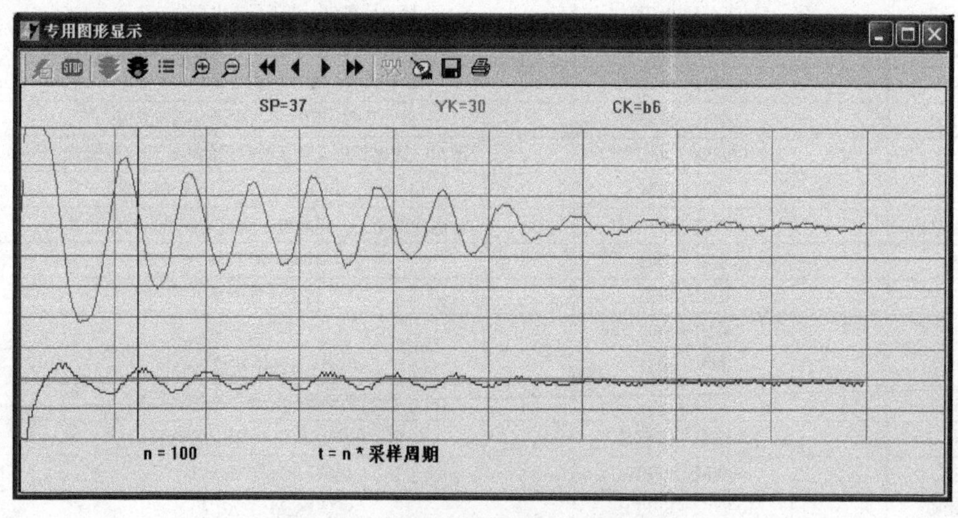

图 4-30　直流电机闭环调速实验结果图

7．实验提示

在 PID 控制过程中，对比例系数 KPP、积分系数 KII、微分系数 KDD 三个参数的设定是 PID 控制算法的关键，一般编程时只能设定它们的大概数值，并在系统运行时通过反复调试来确定最佳值。因此调试阶段程序要能随时修改和记忆这三个参数。

4.7　温度控制实验

1. 实验目的

（1）了解温度调节闭环控制方法。
（2）掌握 PID 控制规律及算法。

2. 实验设备

（1）微型计算机 1 台。
（2）TD-PITE 微机接口实验系统 1 套。

3. 预习要求

（1）阅读本实验教程及相关教材。
（2）复习定时器/计数器 8254、并行接口 8255 以及 ADC0809 接口电路的使用。
（3）了解 PID 控制基本原理及算法。
（4）预习实验提示及相关知识点中的内容。
（5）按实验题目要求在实验前编写好相应的源程序。

4. 实验内容和要求

编写程序，运用 PID 算法实现温度闭环控制，并利用专用图形工具观察实验结果。

5. 实验原理

温度闭环控制原理如图 4-31 所示。人为数字给定一个温度值，与温度测量电路得到的温度值（反馈量）进行比较，其差值经过 PID 运算，将得到控制量并产生 PWM 脉冲，通过驱动电路控制温度单元是否加热，从而构成温度闭环控制系统。

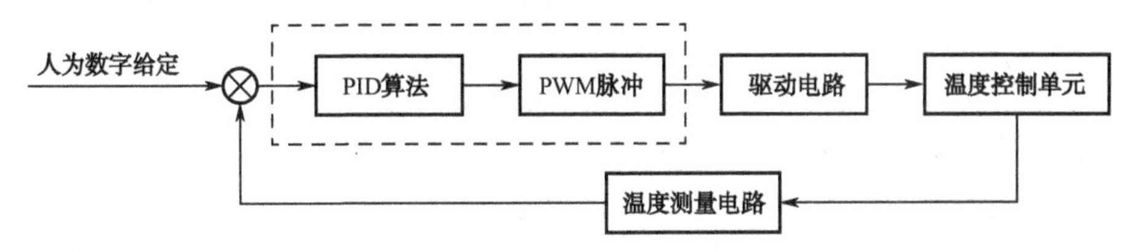

图 4-31　温度控制实验原理图

温度控制单元中由 7805 与一个 24Ω的电阻构成回路，回路电流较大使得 7805 芯片发热。用热敏电阻测量 7805 芯片的温度可以进行温度闭环控制实验。由于 7805 芯片裸露在外，散热迅速。实验控制的最佳温度范围为 50～70℃。

实验台中温控单元采用的是 NTC MF58-103 型热敏电阻，实验电路连接如图 4-32 所示。

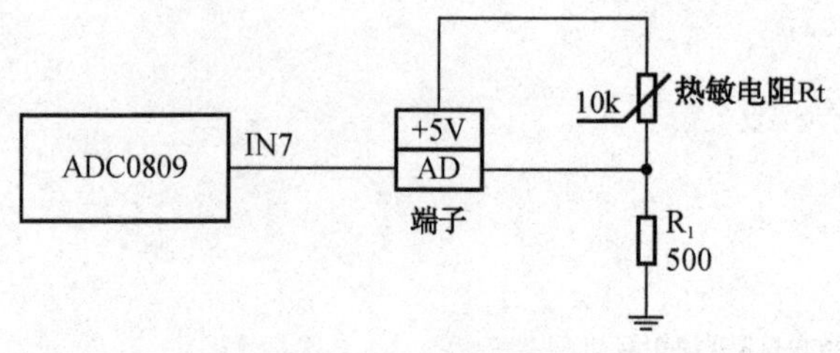

图 4-32　实验电路图

温度值与对应 AD 值的计算方法如下。

25℃：Rt=10kΩ　VAD=5×500 / (10000+500)=0.238(V)，对应 AD 值：0CH

30℃：Rt=5.6kΩ　VAD=5×500 / (5600+500)=0.410(V)，对应 AD 值：15H

40℃：Rt=3.8kΩ　VAD=5×500 / (3800+500)=0.581(V)，对应 AD 值：1EH

50℃：Rt=2.7kΩ　VAD=5×500 / (2700+500)=0.781(V)，对应 AD 值：28H

60℃：Rt=2.1kΩ　VAD=5×500 / (2100+500)=0.962(V)，对应 AD 值：32H

100℃：Rt=900　VAD=5×500 / (900 +500)=1.786 (V)，对应 AD 值：5AH

……

测出的 AD 值是程序中数据表的相对偏移，利用这个值就可以找到相应的温度值。例如，测出的 AD 值为 5AH=90，在数据表中第 90 个数为 64H，即温度值为 100℃。

6．实验步骤

（1）确认从 PC 引出的串口通信电缆已经连接在实验台上。

（2）参考图 4-33 所示连接实验线路，打开实验台电源。

（3）打开 Wmd86 软件，编写实验程序，实验参数取值范围见表 4-8，检查无误后编译、链接并装入系统。

（4）下载程序完毕，打开专用图形界面，然后运行程序，观察响应曲线。

（5）改变 PID 参数 IBAND、KPP、KII、KDD，重复实验，观察实验现象，找出合适的参数并记录。

注：实验中给定值、反馈值都为单极性，屏幕最底端对应值为 00H，最顶端对应值为 FFH。对于时间刻度值由于采样周期不同存在以下关系：

实际时间（s）=*n*（实际刻度值）×采样周期

控制量具有双极性，00H～7FH 为负值，80H～FFH 为正值。

温度闭环控制实验中，温度单元的 7805 控制范围的最佳温度范围为 50～70℃，不要过高。即给定值 SPEC 范围约在 14H（20℃）～46H（70℃）之间。示例程序中 SPEC=32H 为 50℃。TS=64H，由于 8253 OUT2 接 IRQ6 中断为 10ms，故采样周期=64H×10ms=1s；如实际刻度值 *n*=100，则实际响应时间（s）=1×100=100s。

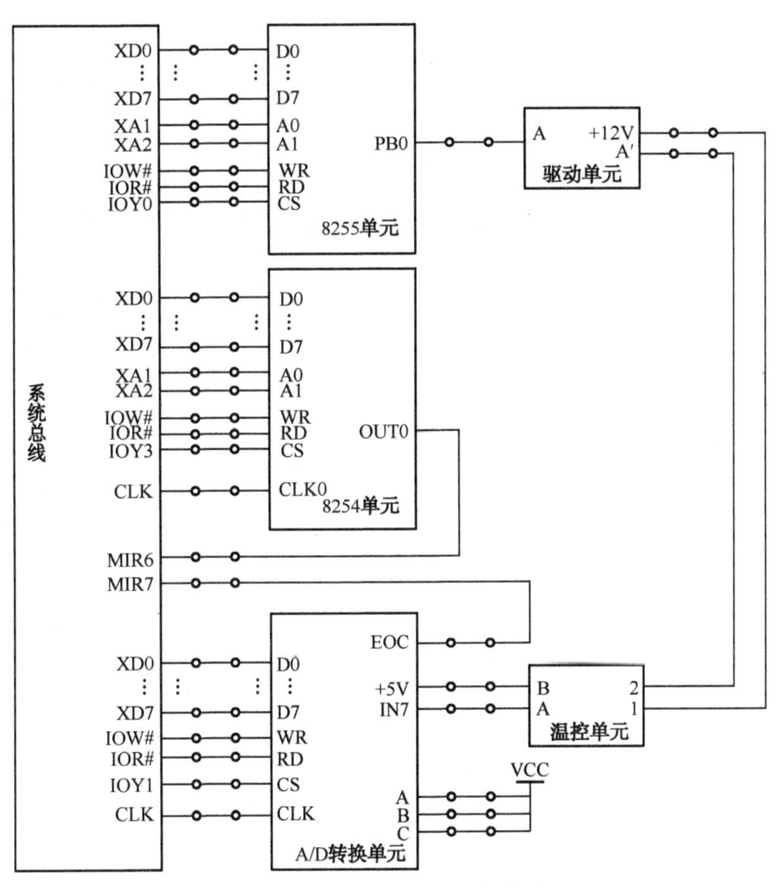

图 4-33 温度控制实验线路图

实验现象结果如图 4-34 所示。

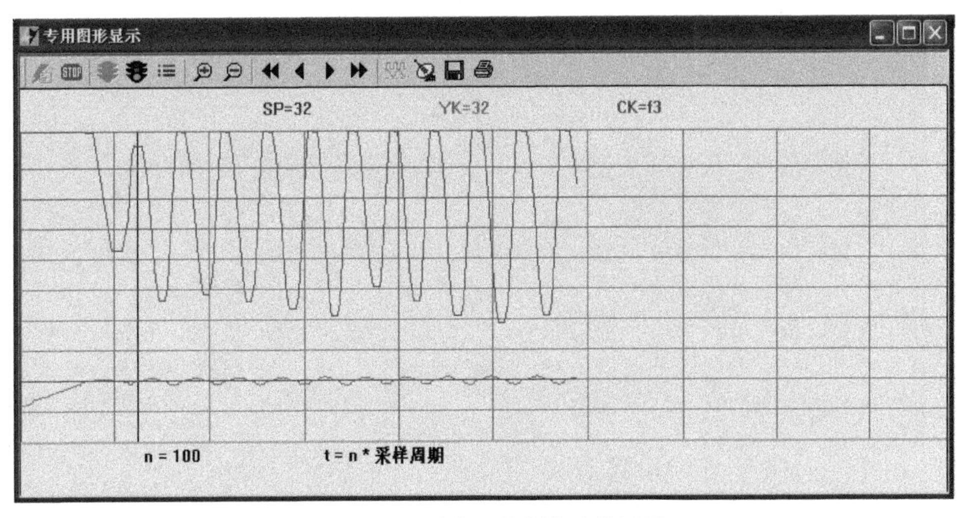

图 4-34 温度闭环控制实验结果图

表 4-8　实验参数取值范围

符号	单位	取值范围	名称及作用
TS	10ms	00H～FFH	采样周期：决定数据采集处理快慢程度
SPEC	℃	14H～46H	给定：要求达到的温度值
IBAND		0000H～007FH	积分分离值：PID 算法中积分分离值
KPP		0000H～1FFFH	比例系数：PID 算法中比例项系数值
KII		0000H～1FFFH	积分系数：PID 算法中积分项系数值
KDD		0000H～1FFFH	微分系数：PID 算法中微分项系数值
YK	℃	0014H～0046H	反馈：通过反馈算出的温度反馈值
CK		00H～FFH	控制量：PID 算法产生用于控制的量
TKMARK		00H～01H	采样标志位
ADMARK		00H～01H	A/D 转换结束标志位
ADVALUE		00H～FFH	A/D 转换结果寄存单元
TC		00H～FFH	采样周期变量
FPWM		00H～01H	PWM 脉冲中间标志位

7．实验提示

ADC0809 转换结束后，EOC 信号触发中断，因此，在中断服务程序中 CPU 读取转换结果，将之存入 Buffer 区。

第 5 章　综合设计性实验

综合设计性实验是在硬件基础实验和拓展实验的基础上，充分利用实验系统现有的软、硬件资源。选择本章所列举的题目，或者结合工程案例自拟题目，根据功能要求独立完成一个微机应用系统设计，目的是使学生学会综合运用多个接口部件实现复杂系统功能，从而提高学生的综合设计能力和创新能力。

5.1　十字路口交通灯

1. 设计要求

充分利用实验台上的硬件资源，实现十字路口交通灯的模拟控制，反映一个十字路口的红、绿灯跳变情况以及红、绿灯转换的倒计时，同时可以实现在紧急情况下暂停或者全部全部变红灯的功能。设计如下两种典型的十字路口交通灯：

（1）简易的红黄绿灯类型路口交通灯模拟控制，同时显示东西向和南北向路灯变化情况和时间倒计时。

（2）带左转、直行、右转方向指示灯类型路口交通灯模拟控制，同时显示东西向和南北向路灯变化情况和左转、直行、右转方向的时间倒计时。

2. 实验提示

（1）用发光二极管代替交通灯、LED 数码管显示倒计时，可以使用 8255 芯片来控制显示。

（2）倒计时的时间控制可以用可编程定时器/计数器 8254 来实现，可以使用定时器 0 与定时器 1 级联的方式产生 1s 的方波，并将其连接至 8259 的 MIR7 中断口，产生 1s 的中断。

（3）使用 KK1 按键完成紧急情况下停止倒计时功能。

这里提供简易的红黄绿灯类型路口交通灯变化规律供参考：

（1）东西路口的绿灯、南北路口的红灯同时亮 30 秒左右；

（2）东西路口的黄灯闪烁若干次，南北路口红灯继续亮；

（3）东西路口的红灯、南北路口的绿灯同时亮 30 秒左右；

（4）东西路口的红灯继续亮，同时南北路口的黄灯闪烁若干次；

（5）转第（1）步重复。

3. 实验报告要求

（1）写出实验方案，画出实验原理接线图。

（2）画出程序流程图，整理出运行正确的程序清单，并加适当注释。

（3）写出观察到的程序运行结果。
（4）实验报告格式参考附录 D。

5.2 音乐播放器

1. 设计要求

设计一个多功能音乐播放器，要求实现如下基本功能：
（1）可以实现多首音乐歌曲的选择播放；
（2）要求能显示对应的歌曲名称，并同步显示歌词；
（3）可以控制歌曲的开始、暂停，以及歌曲循环播放。

2. 实验提示

（1）采用可编程定时器/计数器 8254 和蜂鸣器实现音乐播放的音效控制。
（2）通过 8255 驱动 LCD 液晶屏实现同步显示歌词。
（3）加入中断模块，通过按键 KK1 实现对音乐播放、暂停的控制。

3. 实验报告要求

（1）写出实验方案，画出实验原理接线图。
（2）画出程序流程图，整理出运行正确的程序清单，并加适当注释。
（3）写出观察到的程序运行结果。
（4）实验报告格式参考附录 D。

5.3 家用电风扇

1. 设计要求

设计一个模拟家用电风扇，要求实现如下基本功能：
（1）实现电风扇的开启与关闭控制；
（2）要求能对电风扇风速进行控制，并显示当前风速等级（挡位）；
（3）电风扇状态变化时，如开启、关闭、换挡时会发出声音提醒。

2. 实验提示

（1）通过 8255 控制直流电机接收信号的 PWM 占空比，来实现控制其直流电机的转速。
（2）选择 8255 驱动键盘，实现小键盘按键控制直流电机转速，模拟风扇的速度挡位。
（3）通过 8255 控制数码管，在数码管上显示电风扇当前的速度挡位。
（4）通过按键 KK1 对电机的启停控制，模拟风扇的关闭。
（5）使用可编程定时器/计数器 8254 和蜂鸣器实现发声，开启和关闭是一种声调，换挡声音提醒是另一种声调。

3. 实验报告要求

（1）写出实验方案，画出实验原理接线图。
（2）画出程序流程图，整理出运行正确的程序清单，并加适当注释。
（3）写出观察到的程序运行结果。
（4）实验报告格式参考附录 D。

5.4 实时时钟

1. 设计要求

（1）设计一个电子时钟，要求能显示成时、分、秒的形式，“秒位”每秒变化一次，60s 进位；“分位”每分钟变化一次，60min 进位；“时位”每小时变化一次，24h 进制。

（2）可以修改时钟的时、分、秒各个数值，使显示时间从当前时间开始计时，达到实时时钟的效果。

2. 实验提示

（1）通过可编程定时器/计数器 8254 产生 1s 的中断信号，每秒钟产生中断，并在中断子程序中修改时间。

（2）通过 8255 控制 6 个七段数码管分别显示时、分、秒。

（3）通过 8255 控制 4×4 矩阵键盘来修改数码管显示的时、分、秒，使数码管从当前时间开始计时，达到实时时钟的效果。

3. 实验报告要求

（1）写出实验方案，画出实验原理接线图。
（2）画出程序流程图，整理出运行正确的程序清单，并加适当注释。
（3）写出观察到的程序运行结果。
（4）实验报告格式参考附录 D。

5.5 智能密码锁

1. 设计要求

设计一个智能密码锁，实现密码输入和开锁控制，要求实现如下基本功能：
（1）实现 6 位数字密码输入，并显示当前输入密码，输错数字时可以有清屏功能；
（2）密码输入错误时系统有提示，输入错误达到 6 次，系统报警并锁定键盘 10s 时间；
（3）密码输入正确时，模拟开锁过程，并有声音提示。

2. 实验提示

（1）键盘和数码管单元用来输入和显示密码，步进电机用来模拟密码正确后的开锁。
（2）利用 8255 控制 4×4 矩阵键盘、数码管和驱动步进电机。
（3）忘记密码时，可以使用中断功能，按下 KK1 键产生中断，正常运行打开密码锁。
（4）采用可编程定时器/计数器 8254 控制蜂鸣器，实现开锁错误和正确的提示音。

3. 实验报告要求

（1）写出实验方案，画出实验原理接线图。
（2）画出程序流程图，整理出运行正确的程序清单，并加适当注释。
（3）写出观察到的程序运行结果。
（4）实验报告格式参考附录 D。

5.6 模拟电子琴

1. 设计要求

设计一个模拟电子琴，可以用不同的按键实现电子琴的弹奏功能，当按下琴键时发出相应音阶的声音。要求可以调节不同的音调，并能显示当前弹奏的音符和所处的音调。

2. 实验提示

（1）数码管用来实现电子琴的音调和音符的显示。
（2）前 2 排按键实现 8 个音符，后 2 排按键中选择 7 个按键作为音调的选择。
（3）通过 8255 实现电子琴的键盘接口。
（4）采用可编程定时器/计数器 8254 和蜂鸣器实现音乐播放的音效控制。

3. 实验报告要求

（1）写出实验方案，画出实验原理接线图。
（2）画出程序流程图，整理出运行正确的程序清单，并加适当注释。
（3）写出观察到的程序运行结果。
（4）实验报告格式参考附录 D。

5.7 计时器

1. 设计要求

（1）设计一个电子计时器，要求能显示成时、分、秒的形式，“秒位”每秒变化一次，60s 进位；“分位”每分钟变化一次，60min 进位；“时位”每小时变化一次，24h 进制。

（2）具有开始、暂停、继续和结束计时等功能。
（3）要求在每次状态切换按键按下时发出提示声。

2．实验提示

（1）通过可编程定时器/计数器 8254 产生 1s 的中断信号，每秒钟产生中断，并在中断子程序中修改时间。
（2）通过 8255 控制 6 个七段数码管分别显示时、分、秒。
（3）利用 KK1 键实现开始和结束计时，利用 KK2 键实现暂停和继续。

3．实验报告要求

（1）写出实验方案，画出实验原理接线图。
（2）画出程序流程图，整理出运行正确的程序清单，并加适当注释。
（3）写出观察到的程序运行结果。
（4）实验报告格式参考附录 D。

5.8 自动洗衣机

1．设计要求

设计一个全自动洗衣机，实现洗涤和甩干状态控制，要求实现如下基本功能：
（1）洗涤有进水、储水和水位控制，有强、中、弱、浸泡控制，有时间控制；
（2）甩干有出水控制、甩干速度控制和时间控制；
（3）要求在洗涤和甩干操作结束后，应有状态提示。

2．实验提示

（1）用 4 个开关控制水位高、中、低和 0 挡，并通过发光二极管显示状态。
（2）用 3 个开关控制进水、出水和保持 3 种操作，并通过发光二极管显示状态。
（3）利用步进电机模拟洗衣机滚筒，用电机的转动快慢、正转到反转的时间间隔实现洗涤的强、中、弱控制，通过按键选择强、中、弱 3 种洗涤方式。
（4）时间控制和时间间隔可以用可编程定时器/计数器 8254 来实现。
（5）当洗涤和甩干操作结束后，可以通过声音和点阵图形显示状态。

3．实验报告要求

（1）写出实验方案，画出实验原理接线图。
（2）画出程序流程图，整理出运行正确的程序清单，并加适当注释。
（3）写出观察到的程序运行结果。
（4）实验报告格式参考附录 D。

5.9 走迷宫

1. 设计要求

设计“走迷宫”游戏，要求开始游戏时生成迷宫图案，图案中有墙和路，要求入口和出口存在能通行的路，但是入口均在左上角，出口在右下角。使用四个键分别控制人在迷宫中“上”、“下”、“左”、“右”行走操作，直至走到出口，游戏胜利。要求具有暂停、重新开始功能，游戏成功后有声音和文字提示。

2. 实验提示

（1）使用 LED 点阵显示迷宫地图和人，采用 8254 产生 1s 的方波，控制指示灯闪烁，代表在迷宫中的人。

（2）选取矩阵键盘中 4 个键作为“上”、“下”、“左”、“右”行走的操作键，通过 8255 驱动键盘。

（3）通过可编程定时器/计数器 8254 和蜂鸣器控制按键按下的发声。

（4）使用 KK1 按键实现游戏的开始和暂停。

3. 实验报告要求

（1）写出实验方案，画出实验原理接线图。

（2）画出程序流程图，整理出运行正确的程序清单，并加适当注释。

（3）写出观察到的程序运行结果。

（4）实验报告格式参考附录 D。

5.10 超级玛丽

1. 设计要求

设计“超级玛丽”游戏，要求实现如下基本功能：

（1）在二维平面里画出地图（道具、障碍等）、玛丽，根据超级玛丽的动作和高度确定地图的高度；

（2）能通过控制按键作为左走、右走、跳跃、发子弹等来控制玛丽的动作；

（3）要求有暂停游戏、继续游戏的功能；

（4）在游戏中添加声音效果，如：游戏进行的声音、玛丽行走的声音、玛丽跳跃的声音、玛丽死亡的提示音等等。

2. 实验提示

（1）选取矩阵键盘中 4 个键作为左走、右走、跳跃、发子弹操作键，通过 8255 驱动键盘。

（2）采用 8255 驱动 LCD 液晶显示游戏图像。
（3）采用可编程定时器/计数器 8254 产生音乐频率和刷新屏幕。
（4）通过按键 KK1 实现对游戏暂停、继续的控制。

3. 实验报告要求

（1）写出实验方案，画出实验原理接线图。
（2）画出程序流程图，整理出运行正确的程序清单，并加适当注释。
（3）写出观察到的程序运行结果。
（4）实验报告格式参考附录 D。

附录 A　系统地址分配情况

1．系统内存分配

系统内存分配情况如 A.1 所示。系统内存分为程序存储器和数据存储器，程序存储器为一片 128KB 的 Flash ROM，数据存储器为一片 128KB 的 SRAM（程序存储器可以扩展到 256KB，数据存储器可以扩展到 512KB）。

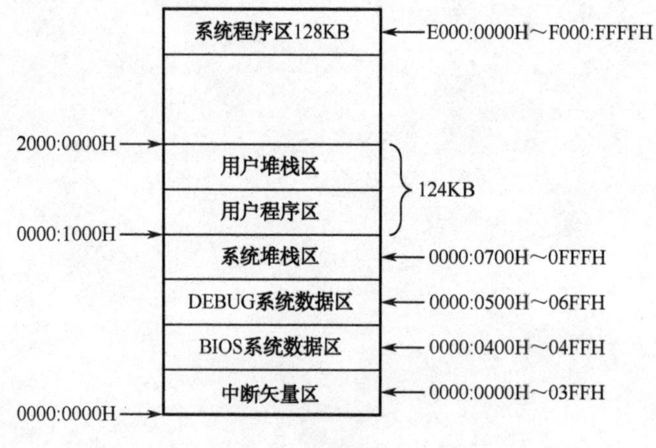

图 A.1　系统内存分配

2．系统编址

采用内存与 IO 独立编址形式，内存地址空间和外设地址空间是相对独立的。内存地址是连续的 1MB 字节，从 00000H～FFFFFH。外设的地址范围从 0000H～FFFFH，总共 64KB。

（1）存储器编制

存储器编址情况见表 A.1。

表 A.1　存储器编址

	信号线	编址空间
系统程序存储器		E0000H～FFFFFH
系统数据存储器		00000H～1FFFFH
扩展存储器	MY0	80000H～9FFFFH
	MY1	A0000H～BFFFFH

即 SRAM 空间：00000H～1FFFFH 共 128KB

其中：00000H～00FFFH 为 4KB 系统区

01000H～1FFFFH 为 124KB 用户使用区

Falsh 空间： 0E0000H～0FFFFFH 共 128KB

其中：0E0000H～0EFFFFH 为 64KB 供用户使用区

0F0000H～0FFFFH 为 64KB 系统监控区

（2）输入/输出接口编址

输入/输出接口编址见表 A.2。

表 A.2 输入/输出接口编址

	信 号 线	编 址 空 间
主片 8259		20H、21H
从片 8259		A0H、A1H
扩展 I/O 接口	IOY0	0600H～063FH
	IOY1	0640H～067FH
	IOY2	0680H～06BFH
	IOY3	06C0H～06FFH

附录 B　常用 BIOS 及 DOS 功能调用说明

常用 BIOS 及 DOS 功能调用说明见表 B.1～表 B.4。

表 B.1　INT 03H 功能使用说明

入口：无 功能：程序终止

表 B.2　INT 10H 功能使用说明

入口：AH=01H，AL=数据 功能：写 AL 中的数据到屏上
入口：AH=06H，DS : BX=字串首址，且字串尾用 00H 填充 功能：显示一字串，直到遇到 00H 为止

表 B.3　INT 16H 功能使用说明

入口：AH=00H 功能：读键盘缓冲到 AL 中，读指针移动，ZF=1 无键值，ZF=0 有键值
入口：AH=01H 功能：检测键盘缓冲，并送到 AL 中，读指针不动，ZF=1 无键值，ZF=0 有键值

表 B.4　INT 21H 功能使用说明

入口：AH=00H 或 AH=4CH 功能：程序终止
入口：AH=01H 功能：读键盘输入到 AL 中并回显
入口：AH=02H，DL=数据 功能：写 DL 中的数据到显示屏
入口：AH=08H 功能：读键盘输入到 AL 中无回显
入口：AH=09H，DS:DX=字符串首地址，字符串以 '$' 结束 功能：显示字符串，直到遇到 '$' 为止
入口：AH=0AH，DS:DX=缓冲区首地址，(DS:DX)=缓冲区最大字符数， (DS:DX+1)=实际输入字符数，(DS:DX+2)=输入字符串起始地址 功能：读键盘输入的字符串到 DS:DX 指定缓冲区中并以回车结束

附录 C　i386EX 系统板引出管脚图

如图 C.1 所示，该图给出了 i386EX 系统板引出的管脚的排列顺序以及对应的管脚名称。其中 J1A、J1B、J2C、J2D 这四排针上的信号与 PC-104 总线标准兼容，但并未将所有的 PC-104 信号都提供，引脚名称空处为未提供的信号。JP2 这两排针上提供了 i386EX 芯片的一些功能引脚，具体引脚说明请查阅器件手册。

引脚号	名称	J2D	J2C	引脚号	名称
0	GND	●	●	0	GND
1	MEMCS16#	●	●	1	BHE#
2	IOCS16#	●	●	2	XA23
3		●	●	3	XA22
4		●	●	4	XA21
5		●	●	5	XA20
6		●	●	6	XA19
7	INT7/TG1	●	●	7	XA18
8		●	●	8	XA17
9		●	●	9	MEMR#
10		●	●	10	MEMW#
11		●	●	11	XD8
12		●	●	12	XD9
13		●	●	13	XD10
14		●	●	14	XD11
15		●	●	15	XD12
16	VCC	●	●	16	XD13
17		●	●	17	XD14
18	GND	●	●	18	XD15
19	GND	●	●	19	GND

图 C.1　i386EX 系统板引出管脚图

J1A / J1B

引脚号	名称	引脚号	名称
1		1	GND
2	XD7	2	RST
3	XD6	3	VCC
4	XD5	4	INT5/TG0
5	XD4	5	
6	XD3	6	
7	XD2	7	−12V
8	XD1	8	
9	XD0	9	+12V
10	IOCHRDY	10	
11	P1.7/HLDA	11	MEMW#
12	XA19	12	MEMR#
13	XA18	13	IOW#
14	XA17	14	IOR#
15	XA16	15	
16	XA15	16	
17	XA14	17	
18	XA13	18	
19	XA12	19	REFRESH#
20	XA11	20	CLK12MHz
21	XA10	21	INT3
22	XA9	22	INT2
23	XA8	23	INT1
24	XA7	24	P3.0/TMROUT0
25	XA6	25	
26	XA5	26	
27	XA4	27	
28	XA3	28	ADS#
29	XA2	29	VCC
30	XA1	30	
31	BLE#	31	GND
32	GND	32	GND

JP2

引脚号	名称	引脚号	名称
1	DACK1#/TXD1	2	DRQ1/RXD1
3	RST#	4	P3.1/TMROUT1
5	P2.3/CS3#	6	P2.2/CS2#
7	P2.1/CS1#	8	P2.0/CS0#
9	P2.5/RXD0	10	P2.6/RXD0
11	P1.7/HLDA	12	P1.6/HOLD
13	P1.5/LOCK#	14	P1.4/RI0#
15	P1.3/DSR0#	16	P1.2/DTR0#
17	P1.1/RTS0#	18	P1.0/DCD0#
19	P3.2/INT0	20	P3.6/PWRDOWN
21	DSR1#/STXCLK	22	RTS1#/SSIOTX
23	RI1#/SIORX	24	DTR1/SRXCLK
25	CLK1MHz	26	WDTOUT
27	M/IO#	28	W/R#
29	LBA#	30	P2.7/CTS0#
31	NMI	32	TCK
33	VCC	34	TDO
35	SMI#	36	TMS
37	SMIACT#	38	TRST#
39	GND	40	TDI

图 C.1　i386EX 系统板引出管脚图（续）

附录 D　实验报告参考格式

××× 大学 ××× 学院

实 验 报 告

实验名称 ______________________________

姓　　名 ______________________________

学　　号 ______________________________

班　　级 ______________________________

教　　师 ______________________________

日　　期 __________ 年　　月　　日 __________

一、实验内容与要求

1.1 实验内容

要求详细描述实验内容，重点考察实验内容的饱满度。

1.2 实验要求

要求写明具体的实验要求，实验预期的结果或效果等。

二、设计思路分析

2.1 实验方案设计

根据实验任务要求，要求详细说明实验整体方案设计，阐述硬件电路及软件算法所采用的实验原理，说明整个实验的设计思路，采用方框图说明各个模块之间的连接及关系。

2.2 硬件电路分析与设计

根据上述整体的实验方案设计，要求在实验平台上将各个功能模块进行连线连接，实现硬件电路模块的设计。首先用文字说明连线事宜。如果需要，则画出电路图，各引脚对应的连线和译码地址都要标出。

2.3 软件设计

根据实验的功能要求，画出实验流程图，尽可能详细，流程图示例见图 D.1。

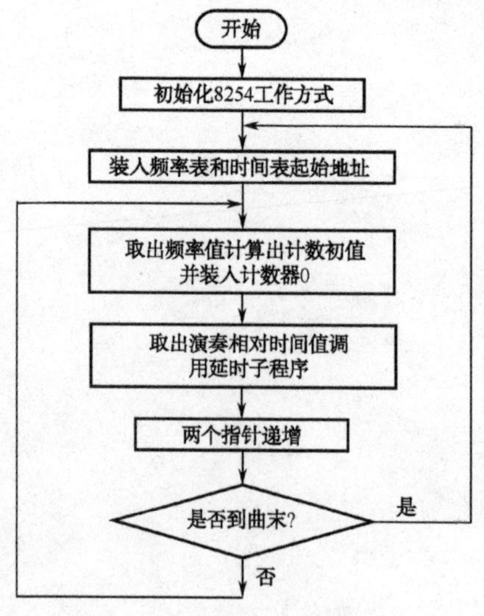

图 D.1 实验流程图示例

用到的芯片功能描述示例见表 D.1。

表 D.1 用到的芯片功能描述示例

芯片名称	型　号	功能描述	使用目的
可编程定时器	8254	记录脉冲并计时	产生 1s 脉冲

三、实验过程及结果

3.1 实验步骤

分条目详细说明实验步骤。

3.2 软硬联调

说明软硬件联调过程、在此过程中出现的问题及解决方法。

3.3 程序清单

写出程序清单，并给出尽可能详细的注释。

3.4 实验结果

详细说明实验的执行结果。实验结果有动画的，要说明动画的演变过程。

四、程序调试说明和实验感想

4.1 调试说明

针对出现的错误现象，分析其原因及调试过程，给出对应的解决方案和思路。

4.2 实验感想与体会

总结通过实验学到的东西以及心得体会和收获等。

4.3 实验特色

总结自己所做实验的特色所在以及与其他人所做内容的不同之处。主要说明实验的创新性、创意和所要体现的内容和思想。

4.4 展望

说明实验可以提高和改进的地方，还可以实现哪些比较有创意的实验，以及预期效果？

参考文献

[1] 古辉，刘均，雷艳静. 微型计算机接口技术[M]. 北京：科学出版社，2011.

[2] 古辉，刘均，陈琦. 微型计算机接口技术及控制技术[M]. 北京：机械工业出版社，2009.

[3] 沈美明，温冬婵. IBM-PC 汇编语言程序设计（第 2 版）[M]. 北京：清华大学出版社，2012.

[4] 马春燕. 微机原理与接口技术（基于 32 位机）实验与学习辅导（第 2 版）[M]. 北京：电子工业出版社，2013.

[5] 黄海萍，高海英，姚荣彬. 微机原理与接口技术实验教程[M]. 北京：国防工业出版社，2013.

[6] 刘云玲. 微机原理与接口技术实验指导[M]. 北京：清华大学出版社，2014.

[7] 段东波，汤书森，靳天玉. 微机原理与接口技术（VC+汇编）实验教程[M]. 北京：清华大学出版社，2014.